Robert Gratzer

KALTER STERN UND NEUER MOND

Robert Gratzer

KALTER STERN UND NEUER MOND

Holzregeln, Mondjahr und Bauernpraktiken im Alpenraum

Heyn

2. unveränderte Auflage 1988

Druck: Wulfenia-Druck, Feldkirchen
Klagenfurt, 1986
ISBN 3 85366 476 8

Gewidmet

jenem Karpfen, welcher im Weihnachtsgeschäft 1983 in einem Fischgeschäft im Beisein des Autors verkauft wurde: er wurde von einer Verkäuferin aus dem Becken gehoben und dem Kunden gezeigt, und zwar griff sie dabei nicht hinter seine Kiemen, sondern hob und hielt den Karpfen, indem sie mit Daumen und Zeigefinger in dessen Augen und Augenhöhlen drückte

und allen anderen Wesen, denen nicht mehr Würde entgegengebracht wird als einer Ware.

Das All belebt

Der Mond, Mythos:
„. . . und macht die Menschen toll . . . "

Von ungefähr kommt es nicht, daß Anat, die Göttin des Mondes, den Phöniziern Inbegriff der Fruchtbarkeit war und zugleich auch deren blutrünstigste Göttin. Es kommt auch nicht von ungefähr, daß Kali, die Mondgöttin einer Hindu-Sekte, zugleich Schöpferin und Lebensspenderin ist, aber auch Göttin der Seuchenzüge, Erdbeben und Fluten. All das zeigt schon ihr äußeres Erscheinungsbild; aus ihrem bluttriefenden Mund blecken Hauer, von ihren Ohren hängen Leichen als Schmuck, und dennoch ist zugleich ihr Oberkörper mit Brüsten, dem Symbol für Fruchtbarkeit, bedeckt.

Es kommt dies alles deshalb nicht von ungefähr, weil die Denker alter Kulturen einen Zusammenhang zwischen Mondstand und Fruchtbarkeit beobachteten. Sie wußten, daß die Empfängnisbereitschaft der Frau bei zunehmendem Mond am höchsten ist, sie bemerkten aber auch, daß so mancher Zeitgenosse im Vollmond ein gestörtes Sozialverhalten an den Tag legte.

„So liegt der Fehler an dem Mond", sagt Shakespeare in Othello, „er kommt der Erde näher, als er pflegt und macht die Menschen toll."

Und in der Tat scheint es so. Die Vermutungen betreffend die durch den Vollmond ausgelösten Gewalttaten finden durch die Zeiten herauf bis heute ihre Fortsetzung: Des legendären Werwolfs Verwandlung ging oder geht stets bei Vollmond vor sich, und der vorher friedlich-schüchterne Durchschnittsbürger reißt mit seinen ihm plötzlich gewachsenen Wolfszähnen arglos spazierenden Frauen den Hals auf. Der englische Tagelöhner Charles Hyde — und das ist nicht mehr Legende — verwandelte sich bei Vollmond in ein Ungeheuer, das Abscheuliches beging. Bevor er 1854 verurteilt und hingerichtet wurde, sagte er aus, die Gewalttaten seien ihm in anderen Mondphasen nicht in den Sinn gekommen, ja er hätte davor den Ekel des normalen Menschen empfunden. Bekanntlich hat Stevenson daraus den Stoff für die Erzählung „The Strange Case of Dr. Jekyll and Mr. Hyde" bezogen, und dieser Stoff ist inzwischen etliche Male verfilmt worden.

Ihre Mondsüchtigkeit ist auch „Jack the Ripper" und dem „Würger von Boston" zum Verhängnis geworden und ebenso dem „Sohn des Satans" von New York. Alle haben sie ausschließlich im Vollmond ihr teuflisches Werk vollbracht, und seitdem bringen Volkskundler und Journalisten die Gewalttaten immer wieder mit dem Mondstand in Verbindung.

Was die altertümlichen und vorzeitlichen Gelehrten an Erklärungen angeboten haben, ist uns nicht bekannt. Daß sie aber darüber nachgedacht haben, ist in den Kulten ersichtlich, wie eingangs erwähnt ist, und diese Kulte leben nach wie vor — auch vielleicht mit einem veränderten Erscheinungsbild in einer später etablierten Religion. In den Lehren der altertümlichen Denker klingt allerdings bereits an, daß sich des Menschen Verhalten gestirnsabhängig verändert, weil der Mensch, ein Auswurf der Erde, ein Spiegelbild des Kosmos sei.

Die Gelehrten unserer Zeit ergänzen diese religiösen und philosophischen Grundgedanken: Sie wissen, daß der Mensch im wesentlichen aus denselben Elementen aufgebaut ist wie unser Planet. Von daher, so wird argumentiert, rührt auch die Einwirkung der Magnetfelder des Mondes auf den Menschen. Denn wenn der Mond schon die unvorstellbar großen Wassermengen der Erde in Bewegung versetzen kann, wie soll sich ihm dann das eine Tröpfchen namens Mensch widersetzen können?

Die ,,biologischen Gezeiten'' im Menschen reagieren auf den Mondstand mit größerer Genauigkeit als die Masse des Meeres, was bei dem empfindlichen Menschen zu wirklichen Persönlichkeitsveränderungen führen kann. Weshalb Shakespeare — ein zweites Mal sei er bemüht — in ,,Heinrich IV.'' schreibt: ,, . . . unser Schicksal, die wir nur Kinder des Mondes sind, schwankt wie Ebbe und Flut der See . . .''

Der Mond, Beobachtungen:
Er geht still — und ereignisreich

Noch scheint der Zusammenhang zwischen Pflanzenwachstum und dem der menschlichen Haare weit hergeholt zu sein, und dennoch darf bereits vorausgesetzt werden, daß die Behauptung, die Haare sollten im abnehmenden Mond geschnitten werden, allgemein bekannt ist. Auch scheint die Baderweisheit, nach der man den

Aderlaß tunlichst bei abnehmendem Mond durchführe, noch nicht recht einsichtig. Aber doch bestätigen Klinikstatistiken, daß Blutungen nach Verletzungen und Operationen bei Vollmond stärker auftreten als zu anderen Zeiten. Und die Volkskunde bringt Phänomene mit dem Mondstand in Verbindung, für die sie eine rationale Erklärung nicht liefern kann, die sie vielmehr einfach als gegeben hinnimmt.

Ein Zusammenhang zwischen der weiblichen Periode und dem Mondstand ist offenkundig. Unter der Voraussetzung, daß der körperliche Rhythmus nicht durch Fremdeinwirkung gestört ist, tritt die erste Menstruation mit sehr hoher Wahrscheinlichkeit bei Neumond auf, und nach jeder Geburt wieder zu dieser Zeit. Die Empfängnisbereitschaft ist dementsprechend zu einer Zeit am höchsten, da der Mond anwächst und wieder am Höhepunkt seines Wachstums ist, also zur Zeit bis zum Vollmond. Die privaten Familienplanungskalender passen mit ihren Eintragungen auch prompt mit dem Mondjahr zusammen. Dieser natürliche Rhythmus trifft natürlich nicht zu, wenn er durch eisprungverhindernde Medikamente verschoben wird.

Klinikstatistiken belegen die überraschende Tatsache, daß die Geburtenzahl 24 Stunden vor Vollmond zu steigen beginnt — am Ende des „Mondwachstums". Jedoch auch hier muß angemerkt werden, daß mittels biochemischer Hilfen Geburten zwischen Freitagabend und Montagmorgen regelrecht verhindert werden können.

Hautausschläge und Schwellungen treten bei zunehmendem Mond verstärkt auf bzw. es verschlimmern sich deren Zustände, bei abnehmendem Mond beginnen sie jedoch zu heilen. Wunden nach Verletzungen und Operationen bluten bei Vollmond stärker, und die Zahl der Selbstmordfälle und Brandstiftungen erhöht sich ebenfalls bei Vollmond.

Doch nicht nur in der Medizin und in der Psychologie sind diese Phänomene nicht genügend in Zusammenhang gebracht und erforscht worden, auch in der Natur gibt es etliche Erscheinungen, die mit den wechselnden Mondständen in geheimnisvoller Sicherheit einhergehen. Der Zug der Aale nach den Antillen findet jährlich exakt im gleichen Mondstand statt. Zugvögel legen nach dem Eintreffen in ihrem Sommeraufenthaltsort die Eier ausschließlich in bestimmten Mondbildern ab. Der Seeigel laicht nur bei Vollmond, und zwar auch dann, wenn der Himmel wochenlang bedeckt sein sollte, oder wenn der Seeigel, was bei Experimenten erforscht wurde, über lange Zeiten von klimatischen Vorgängen isoliert wird.

Diese wenigen Beispiele mögen verdeutlichen, daß sehr viel mehr noch auf der Erde mit dem Mondstand Hand in Hand geht. Sie reißen nur an, was alles im Katalog der Erscheinungen Parallelen zum Mondstand aufweist. Zudem ist das Gebiet der Einflußnahme von Himmelskörpern mit der Betrachtung des Mondes allein längst nicht erschöpft; Legionen anderer Geschehnisse werden von Beobachtern wieder mit anderen Planeten in Zusammenhang gebracht.

Zwei Ansätze:
Nur die Erscheinung ist gewiß

An diesem Punkt, der zugegebenermaßen für den Fachmann noch keine besondere Erkenntnistiefe erreicht, scheiden sich schon die Geister. Es gibt Argumentatoren, die einen direkten oder indirekten Einfluß eines Sterns auf einen anderen hitzig verteidigen. Sie behaupten, noch nicht bekannte Kräfte wirkten aus einem Planeten auf die Erde, wie z. B. aus dem Saturn, der, verglichen mit unseren Lebensbedingungen, ein riesiger Eisklumpen ist. Er soll in einer bestimmten Konstellation zur Erde die Wälder auf dieser heimsuchen. Oder der Sirius, der auf der Erde Hitze und Trockenheit bewirke.

Doch nicht nur die einzelnen Planeten würden auf den von uns bewohnten wirken, sondern auch die Phänomene des Himmels gemeinsam, wenn sie periodisch erscheinen bzw. wenn die Erde periodisch wieder mit ihnen in ein bestimmtes Verhältnis tritt. Die Tierkreiszeichen symbolisieren solche Erscheinungen, die direkt oder indirekt wieder andere Vorgänge in der Erdhülle bewirken sollen. Der Pflanzenanbau lebt längst in der bewußten Anwendung des Wissens um die Sternbilder und Himmelskonstellationen.

Zum anderen treten die Verfechter eines esoterischen Ansatzes auf, denen die Fragestellung nach direktem oder indirektem Einfluß keine Antwort wert ist. Sie beobachten, daß bestimmte Vorgänge auf der Erde mit gewissen Himmelskonstellationen zugleich auftreten. Sie vermerken, daß eben dies oder jenes im Wald just dann vorgeht, wenn der Saturn mit der Erde in einem bestimmten Verhältnis steht, und daß das Holz exakt dann im Vollsaft steht, wenn der Mond als Vollmond sichtbar ist. Sie fragen jedoch nicht nach des Saturns Eismasse oder des Mondes Anziehungskraft.

Vertreter beider Ansichten sind sich aber darin einig, daß außerirdische Erscheinungen mit solchen auf der Erde Hand in Hand gehen, so daß wir, ohne uns auf einen Ansatz festlegen zu wollen, uns darauf einigen können, daß das, was im Weltall geschieht, mit dem, was in und auf der Erde geschieht, gewisse Übereinstimmungen aufweist.

Übereinstimmungen, von denen wir wissen sollten, denn wir leben mit ihnen und — es ist beileibe nicht übertrieben — von ihnen. Allein die Erträge von Nutzpflanzen, die konstellationsabhängig variabel sind, belegen die Notwendigkeit des Wissens um die Vorgänge im All.

Rhythmus und Konstellation: Es zieht und zerrt an der Erdhülle

Daß die Erde nicht Mittelpunkt von all dem ist, was sich im Weltall bewegt, ist keine neue Einsicht. Wir dürfen getrost davon ausgehen, daß sich herumgesprochen hat, daß die Erde einer von vielen Planeten ist, die sich ohne Unterlaß nach einem größeren Gesetz durch das All bewegen. Dieses unfaßbare Gesetz schafft Verhältnisse zwischen den Planeten, Konstellationen, wie sie der Fachmann nennt, bestimmte Stellungen, die die Planeten zueinander einnehmen. Nachdem sie sich also bewegen, und das sowohl um die eigene Achse als auch um andere Planeten und mit diesen wieder um andere Planeten herum und dies alles in den verschiedensten Geschwindigkeiten, zeigen die stellaren Körper einander einmal von nahe und einmal von fern ihre Gesichter und Rückseiten.

Das, was im Weltall geschieht, bedarf zu Anfang der Unterscheidung in Rhythmus und Konstellation. Rhythmen sind durch Bewegung entstehende Abläufe an einem Fixpunkt. Sie ergeben sich durch das Vorbeiziehen eines Wandelsternes oder eines Sternbildes an einem Fixstern. Der Zeitraum von einer siderischen Stellung bis zur nächsten ist der Umlauf.

Konstellationen hingegen sind die Beziehungen der Sterne untereinander oder zur Sonne. Sie stellen sich in verschiedenen Winkelgraden her, die wiederum durch den Abstand der Wandelsterne voneinander von der Erde aus gesehen zustandekommen. Wie der Rhythmus eine Umlaufzeit beschreibt, ist die Konstellation als Belichtungsphase bezeichenbar.

Die Esoteriker fragen, wie gesagt, nicht nach Art und Mittel der Auswirkung der Rhythmen und Konstellationen auf die Erde, die Konstellationsforscher aber gehen davon aus, daß die Rhythmen mit den Universalkräften der Erde in Zusammenhang stehen. Die Elemente im All sollen mit den Elementen auf der Erde korrespondieren. Konstellationen sollen ebenso über die Universalkräfte mit der Erde korrespondieren, aber auch über andere Wege. Diese anderen Wege wären die Zentralkräfte, zu denen Elektrizität, Magnetismus und

Vulkanismus gehören. Die entgegengesetzt wirkenden Universal- und Zentralkräfte, aber auch die einander konkurrierenden verschiedenen Zentralkräfte können einander demnach abschwächen, überlagern oder überdecken.

Soviel scheint nach dieser Argumentation sicher: ungeheure Kräfte ziehen und zerren an der Erde. Die Sprachen anderer Wissensgebiete kennen diese Kräfte auch, doch sie sagen „göttliches Prinzip", „Urschlamm" oder „Evolution" zu deren Wirken und Folgen.

Bevor jedoch auf jene Erkenntnisse, welche sich aus der Konstellation der Himmelskörper ableiten und welche sich als Regeln in der Volkskunde niederschlugen, eingegangen werden kann, ist ein Ausflug in die Kalenderwissenschaft vonnöten. Schließlich haben solche Beobachtungen erst dann einen Sinn, wenn sie in einen Kalender niedergeschrieben werden können, wenn die Auswirkungen also berechenbar werden.

Erfahrung, Gewißheit und Spekulation

Kalender
Die Schwierigkeit, sich mit der Sonne auf eine Zeit zu einigen

In beinahe jedem Taschenkalender ist heutzutage eine Zeitumrechnungstabelle enthalten; sie erleichtert den Globetrottern das Fliegen um die Welt. In der Antike hätte eine Zeitumrechnungstabelle allerdings allein den Umfang eines Taschenkalenders gehabt, hätte es sie gegeben und würde sie benötigt worden sein: denn zwischen den Städten unseres Kulturkreises herrschte keine Einigkeit bezüglich der Zeitrechnung. Zwar dürften diese antiken Städte in etwa um die gleiche Zeit Mittag gehabt haben, dennoch galt aber nicht von vornherein als gesichert, daß in der Nachbarstadt dieselbe Stunde gezählt wurde wie in jener, von welcher aus man aufbrach. Übereinstimmung herrschte lediglich in der Gepflogenheit, das Jahr dem Mondlauf anzugleichen — der Mond galt einheitlich als das große gemeinsame Pendel.

Es ist Julius Cäsars Verdienst, daß von 46 v. Chr. an die Zeitmesser in allen Städten des Römerreiches die gleiche Stunde anzeigten. Zwar zählte man die Tage in einer bestimmten Weise rückwärts, also sozusagen wie einen Countdown bis zum Monatsende (was zumindest für jene nicht neu ist, welche von der Mordgeschichte an Julius Cäsar wissen), aber immerhin fußte dieser Julianische Kalender bereits auf dem Sonnenjahr: Er war der Urahn unserer heutigen Zeitrechnung.

Die Vorwärtszählung der Monatstage zu erfinden blieb dem

6. Jahrhundert vorbehalten. Damit war der Julianische Kalender allerdings schon sehr fortschrittlich, weil er einfacher handzuhaben war als die Kalender der Kultur- und Religionsnachbarn: Der jüdische Kalender, im 6. Jahrhundert unserer Zeitrechnung wahrhaftig schon ein Methusalem von nahezu 3200 Jahren, fußte und fußt immer noch auf einem 19jährigen Mondzyklus. Die Neu- und Vollmonde fallen nämlich alle 19 Jahre wieder auf dieselben Monatstage; von daher ergibt sich der jüdische Jahreszyklus. Dieser Kalender hat verschieden lange Jahre mit 353 bis 385 Tagen; der Tischri 1, vergleichbar unserem „1. Januar", ist je nach Jahr zwischen Septemberbeginn und Oktoberende unserer Zeitrechnung, und die jüdischen Monate sind 29 oder 30 Tage lang.

Der islamische Kalender beruht ebenfalls auf einem Mondzyklus, der jedoch 30 Jahre dauert. Sein Jahr hat 354 Tage oder in Schaltjahren (das ist jeweils das 2., 5., 7., 10., 12., 15., 17., 20., 22., 25., 27. und 30. Jahr des Mondzyklus) 355 Tage. Die Monate wechseln einander mit jeweils 29 oder 30 Tagen ab. Dieser islamische Kalender war im christlichen 6. Jahrhundert freilich noch nicht erfunden; er beginnt mit der Flucht Mohammeds nach Medina, und die trug sich im 622. Jahr unserer Zeit zu.

Dagegen kommt der Sonnenkalender abendländischer Art mit 365 Tagen aus, und in jedem vierten Jahr wird — seit Julius Cäsar bereits — ein 366. Tag dazugezählt. Diese Notwendigkeit ergibt sich aus dem Umstand, daß das Sonnenjahr nicht exakt 365 Tage hat, sondern ausgerechnet 365,2422. Das war schon den Beratern Cäsars nicht unbekannt; da aber der allvierjährliche Schalttag die Differenz ungefähr aufhebt, weil sich dann über vier Jahre eine mittlere Jahreslänge von 365,25 Tagen ergibt, ließen sie es mit dieser Korrektur bewenden. Über die Jahrhunderte aber summiert sich dieser kleine Zeitfehler und verschiebt die Zeitzählung ins Fehlerhafte.

Bis zur Amtszeit des Papstes Gregor XIII. im 16. Jahrhundert betrug die Summe dieses kleinen Fehlers bereits 10 Tage. Gregor regte daher eine Kalenderreform an, und 1582 wurde, indem einmalig 10 Tage ausgelassen wurden, der Kalender mit der Sonne wieder in Übereinstimmung gebracht. Damit sich die Differenz aber nicht wieder einschleicht, wurde außerdem beschlossen, von 1582 an alle 400 Jahre drei Schalttage auszulassen. Diese reformierte Zeitrechnung trägt seit damals den Namen Gregorianischer Kalender.

Die Sorge, das 400. Jahr womöglich zu übersehen, wäre heute allerdings unbegründet, denn in der Zwischenzeit hat man exakte Chronometer erfunden und installiert und damit die Möglichkeit geschaffen, jeweils zu Sylvester die eigene Armbanduhr um eine kleine Zeiteinheit zurückzustellen und sie damit der Weltzeituhr anzugleichen.

Die Gregorianische Kalenderreform hob mit der Zeitbegradigung aber keineswegs die Probleme auf, wie noch zu besprechen die Gelegenheit sein wird. Die bäuerliche Zeitrechnung mochte die Zeitwende des 16. Jahrhunderts zwar mitgemacht haben (was nicht so selbstverständlich war, denn in reformierten Gebieten raufte man bis ins 18. Jahrhundert hinein um die 10-Tage-Reform Gregors), deren

Lostage aber waren und blieben die des Julianischen Kalenders. Somit ist alten Wetterregeln, soweit sie aus alten Kalendern original entnommen werden, die Summe von zehn Tagen hinzuzuzählen, damit als Lostage auch wiederum die richtigen Kalendertage getroffen werden. Bei den in diesem Buch aufgezählten Los-, Wetter-, Schwend- und anderen Regeltagen ist davon auszugehen, daß sie zeitangeglichen und seit der Einführung des Gregorianischen Kalenders erprobt wurden. Es ist also das anhängende Kalendarium unberichtigt anzuwenden.

Zeitzählungen
Welches Datum gilt bei Ihnen?

Da die uns bekannten Bauernregeln teilweise jahrtausendaltes Erfahrungsgut sind und somit aus einer Zeit stammen, in der es noch längst keinen julianischen Kalender gab, kann ihre Anwendung, sofern die Regeln alten Bauernkalendern oder römischen Geschichtsschreibern entnommen wurden, mit gewissen Problemen verbunden sein. Es hat deshalb erst jener Tag unseres Kalenders gefunden zu werden, welcher mit dem Datum des Entstehungsjahr-Kalenders identisch ist. Dafür müssen die Arten der Zeitzählung alter Kulturen betrachtet werden.

Die Zeitzählung nach natürlichen Monatsanfängen entstand, indem man von einer Wintersonnenwende, die bekanntlich am

20./21. 12. ist, bis zur nächsten Wintersonnenwende das Jahr in zwölf ungefähr gleiche lange Monate teilte. Auf diese Weise kamen unsere Altvorderen mit ihrem Monatsersten wieder auf den 21. oder 22. unserer gregorianisch bemessenen Monate. Dieser natürliche Monatsbeginn galt den Europäern vergangener Tage offenbar als Stichtag für eine Prognose über die Aussichten für den nächsten Abschnitt, wie anzunehmen nicht unangebracht ist, denn die Tage nach dem 20. eines jeden gregorianischen Monates weisen auch heute noch eine Häufung von Prognosen auf. Dieses Phänomen erstreckt sich über die gesamte Alte Welt. Überall von Irland bis zur Türkei drängen sich in diesen Tagen die Sprüche, Bräuche und Kalenderzeichen, wobei das heute jeweils kollektiv gültige Glaubensbekenntnis keine Rolle spielt.

Zum zweiten war, bevor man sich römerreichsweit auf eine einheitliche Zeitmessung einigte, gebietsweise eine Zählung nach 30 Tagen von der Wintersonnenwende an gebräuchlich. Nach diesem Schema kannte man z. B. den „30. Tag" oder den „20. Tag des dritten Abschnittes" oder einfach den 200. Tag nach der Sonnenwende als Lostag für künftiges Wetterverhalten. Als Beispiel diene hier der „60. Tag", der bereits in Hesiods Schriften als Lostag gilt. So überrascht es nicht, daß die bei Hesiod vermerkten Regeln auch in den Kalendern unserer modernen Zeitzählung zu finden sind: der Tag heißt heute „Petri Stuhlfeier" oder auch „22. Februar".

Die dritte Variante ist eine Zählung nach 40 Tagen. Nach ihr legte sich ein etwas größeres Merkgitter über das Jahr, wobei sich nur die zahlenmäßige Bezeichnung des entsprechenden Tages änderte, nicht aber sein prognostischer Stellenwert. In der 40-Tage-Zählung galt z. B. der 120. Tag als aussagekräftig für die danach kommende Zeit. Was vor Beginn unserer Zeitrechnung der 120. Tag war, ist in unserem Kalender St. Georg geweiht, ist am Beginn der letzten Aprilwoche und verkündet: „St. Georgi warm und schön wird man noch rauhes Wetter sehn".

So läßt sich diese verwirrende Vielzahl altertümlicher Kalender doch auf einen gemeinsamen Nenner bringen: wie die Zeit gezählt wird, ist von nachrangiger Bedeutung; gewisse klimatische Erscheinungen, die in unserer Klimazone jährlich mit einiger Genauigkeit wieder auftreten, fallen auf einen bestimmten Tag. Und dieser Tag heißt in dem einen Kalender so und in dem anderen eben so . . .

Dieser komplizierte Umstand liefert auch die Antwort auf die Frage, warum in Ost- und Westeuropa, im Norden und im Süden die Lostage identisch sind, obwohl verschiedene Tagesheilige verehrt werden, obwohl die Kalender erst seit kürzester Zeit übereinstimmen und obwohl die mythisch-religiöse Vergangenheit überhaupt nichts Gemeinsames haben muß.

Vorsicht ist allerdings bei Gebrauch der Kalender angebracht: Nicht überall sind den Heiligen dieselben Tage gewidmet, zudem haben Kalenderreformen die Heiligentage verschoben. So wird z. B. der Margarethe in Bayern am 13. 7. gedacht, in Kärnten aber am 20. 7., oder es hat die Kalenderreform des Papstes Johannes XXIII. Heilige aus dem Gedenkkalender gestrichen und wieder andere versetzt. Wird mancherorts Johannes des Täufers an dessen Geburtstag gedacht, so wird in anderen Gegenden sein Sterbetag gefeiert und wieder in anderen Gegenden sind beide Tage Festtage. Durch die Zeit herauf die Kalenderreformen wurden nämlich nicht in jedem Land übernommen; war man sich z. B. in Franken einig, einen bestimmten Papst nicht anzuerkennen, fiel selbstverständlich auch die von diesem Papst angeregte Kalenderreform durch den Rost. Festkalender sind also grundsätzlich mit Vorsicht zu genießen.

Eines gilt allerdings, abgesehen von der gemeinsamen Großwetterlage, beinahe einheitlich in allen Winkeln europäischer Vergangenheit: Die Wintersonnenwende wurde überall als Schwelle in das neue Jahr angesehen. Der Brauch des Mittwinterfestes stammt nämlich aus indogermanischen Zeiten, und dieses gemeinsame Grundmuster werden nicht nur die Nachfahren der Indogermanen nicht los, sondern alle anderen Völker der Welt auch nicht.

Alte Kalender
Simpel ist gescheit

Jeder von uns hat schon einmal eine kalenderwissenschaftliche Darstellung gelesen, wahrscheinlich aber, ohne diese Passage weiter beachtet zu haben:

„An den Seiten eines viereckigen Pfostens schnitt ich mit dem Messer jeden Tag eine Kerbe ein, an jedem siebten Tag machte ich die Kerbe doppelt so lang wie die andern, und an jedem Monatsersten doppelt so lang wie die Sonntagskerbe. So hatte ich meinen Kalender mit wöchentlicher, monatlicher und jährlicher Zeitrechnung."

Die Erzählung, aus der dieser Auszug stammt, handelt 1569, der Ort ist eine Südseeinsel, der Autor heißt Daniel Defoe und der Held Robinson Crusoe. Daniel Defoe hat gewußt, wie im auslaufenden Mittelalter Kalender angefertigt wurden, und er hat Robinson Crusoe dieses Wissen anwenden lassen. In Europa schnitt man sich Kalender indes nicht mehr ausschließlich in Holzstäbe, sondern druckte sie bereits per Druckstock auf ein Blatt Papier und vorher, vor der Erfindung des Buchdruckes, per Druckwiege als „Incunabel". Doch Robinson Crusoe konnte schwerlich so ein modernes Gerät auf der Insel gehabt haben, so schnitt er sich den Kalender in ein Holz, wie es in Europa im 15. Jahrhundert üblich, aber auch im 17. Jahrhundert noch nicht aus der Mode gekommen war.

Das Kärntner Landesmuseum zählt zwei Stabkalender zu seinen Schätzen, die in der Umgebung der frühindustriellen Siedlung Hüttenberg gefunden wurden. Der eine trägt die Jahreszahl 1685, der andere dürfte aus derselben Zeit stammen. Sie sind jeweils ca. 48 cm lang und weisen einen achteckigen Querschnitt auf. Ihre Form ist am besten mit jener eines Stuhlbeines beschrieben. Die acht Flächen sind jeweils ca. 1,7 cm breit, und auf ihnen sind in Leiterform die 365 Tage des Jahres eingeschnitten. Bildzeichen und Sinnbilder merken die besonderen Jahrestage an. Merkwürdigerweise hat der Kalenderhersteller die Tage auf den Stabseiten fortlaufend eingeschnitten, so daß acht verschieden lange Perioden von 38 bis 57 Tagen auf den Stabseiten angebracht sind; hätte er auf jeweils zwei Seiten jeweils drei Monate verzeichnet, hätte er ein „Layout" fertiggebracht, wie es das 20. Jahrhundert von einer ordentlichen graphischen Arbeit verlangt. Dennoch erfüllt dieser Kalender seine Aufgabe, denn die für den bäuerlichen Jahreslauf wichtigen Tage sind darauf verzeichnet.

Die Kerbe erhielt sich, während Kalenderherstellung und -form sich veränderten: War es auch nach Verbreitung der Druckkunst erst die Wiege und später der Druckstock, und war es zu dieser Zeit auch schon das Blatt anstelle des Stabes — die Kerbe als Symbol für einen Tag blieb.

Das Stift Admont verwahrt in seinem Archiv eine Kalenderblatt-Incunabel auf ein Gemeinjahr mit 365 Tagen. Sie enthält auf zwölf Seiten in Kerbenform die jeweiligen Monatstage, ist also graphisch bereits „geordnet", und sie enthält Sinnbilder und Symbole aus der christlichen Bildersprache. Der Formenreichtum hat seit dem Stabkalender zugenommen, der Heiligenbilder sind mehr und sie sind besser lesbar geworden, und zusätzlich zu den Heiligenbildern finden sich auf diesem und anderen Kalendern des 15. Jahrhunderts schon jene Darstellungen, welche wir auf der Suche nach dem „kosmischen Verständnis" der Zeit vor der Erfindung von Maschine und Kunstdünger entdecken wollen: Zeichen für bäuerliche Arbeiten wie Gartenumstechen, Heumahd, Getreideschnitt, Wollkardätschen, Weinlese und Hausschlachtung.

Besonders interessant ist an dieser Darstellung die augenfällige

Häufung von Eintragungen um die Zeit des 20. eines Kalendermonates. Dies weist auf die verschiedenen Ursprünge von Gemeinjahr und Bauernregel hin, wie bereits abgehandelt wurde: Das sonnenabhängige Gemeinjahr hatte sich ab Cäsars Zeitreform durchzusetzen begonnen. Die Merktage der Bauernregeln waren zu jener Zeit schon uraltes Erfahrungsgut und haben sich sowohl im Julianischen Kalender als auch 1500 Jahre später im Admonter Bauernkalender als auch heute um jene Tage versammelt, welche den Beginn der alten Mondmonate markierten, also um den 20. heutiger Monate.

Mit einem kann dieses Admonter Kalenderblatt aber aufwarten, das die heutigen Kalenderhersteller wegen des drohenden Geschäftsausfalles tunlichst nicht wieder praktizieren: Das Admonter Kalenderblatt ist für alle jene Gemeinjahre anwendbar, welche mit einem Montag als 1. Jänner beginnen. Ein Kalenderblatt, das von dem Jahr, in dem Kolumbus zur Amerikareise rüstete, bis heute und weiter unentwegt gültig ist!

Heilige
Mit einer solchen Bekanntheit haben sie nicht gerechnet

Begriffe wie „Ultimo" und „Geschäftsjahr" passen nicht in das Denkschema des ausgehenden Mittelalters. Es gab natürlich bereits die Buchhaltung, damit auch Bilanzen und Jahresabschlüsse, von findigen italienischen Kaufleuten erfunden und jenen der Hanse nicht unbekannt; dennoch war sie nicht viel mehr als ein Hilfsmittel für die dünne Schicht der Händler. Der größere Teil der Bevölkerung war agrarisch strukturiert und hatte dementsprechend einen anderen Kalender. Die Tage, die für das bäuerliche Jahr von Bedeutung waren, weil an ihnen oder in der Woche um sie herum wichtige Geschäfte zur Erledigung anstanden wie beispielsweise das Säen oder Schlachten, fielen, wurden sie in den Kalender eingetragen, mit Tagen zusammen, die jeweils bestimmten Heiligen zu Angedenken und Ehre dienten. Es hat diese Sitte in der „Notwendigkeit", wie die katholische Kirche argumentiert, „eines Verzeichnisses der Feste durch das Bestehen eines öffentlichen Kultes" seinen Grund; diese Festkalender gab es in allen alten Kulturen und dementsprechend auch heute in der Mehrzahl der Religionen. Im Christentum entstand die zitierte Notwendigkeit im 3. Jahrhundert während der systematischen Christenverfolgungen, als man daranging, die Todestage der Märtyrer für die Gedächtnisfeiern aufzuzeichnen (Cyprian, Ep. 12,2).

So erfuhren die Märtyrer aus Rom sowie ein Teil derjenigen, welche bis zur Jetztzeit für ihre religiöse Überzeugung ihr Leben hingaben und welche sonst in ihrem Glauben vorbildlich lebten, die Ehre eines jährlichen Gedenktages und in der Folge durch Papst und Volkstum die Erhebung zum „Heiligen". Die christliche Kirche hat im Laufe ihres Bestehens zeitweise ihre liebe Not gehabt mit den Heiligen, denn Meinung und Haltung der gläubigen Basis ließen sich nicht immer mit dem Kirchendogma vereinbaren: dann nämlich nicht, wenn das Glaubensvolk übersah, daß es sich bei den Heiligen nicht um

Anbetungssubjekte handelt, sondern allerhöchstens um Fürsprecher für den Betenden vor der höchsten Instanz.

Das Christentum ist eine erklärt monotheistische Religion, auch wenn es sich bei der höchsten Instanz um eine Dreiheit handelt. Das Christentum fand jedoch bei seiner Einführung keineswegs einen luftleeren Raum vor, sondern hatte sich vielmehr mit wuchernden „Heiden"kulten auseinanderzusetzen und mit naturreligiösen Gebräuchen herumzuschlagen, deren Kennzeichen es ja, vereinfachend gesagt, ist, für jede Gelegenheit eine passende Gottheit zu haben.

Der Begriff „Heiliger" berührt im weiteren Sinne auch die Begriffe „Held" und „Heros", und er entspringt dem Bedürfnis nach Verehrung jener Personen, welche von besonderer Kraft, Vorbildlichkeit und Auswirkung auf die Gemeinschaft waren. Der Katholizismus hat also seine Vorbilder zur Ehre der Altäre in den Heiligenstand versetzt, und in der Zeit der Christianisierung des alpenländischen Raumes, die, wollte man sophieren, auch heute nicht abgeschlossen ist, kollidierte das monotheistische Programm mit der Märtyrer-Fürbitter-Variante mit der eingesessenen Gepflogenheit, einer großen Menge von Wesen transzendente Kraft zuzuschreiben.

Die ersten Spuren eines Heiligenkultes im Rhein-Donau-Gebiet sind keltisch-romanischem Einfluß zuzuordnen, und bis heute ist dessen völkerkundliche Bedeutung kaum zu überschätzen. Zuerst sind die Heiligen Schutzpatrone nicht nur für Objekte und Orte, sondern auch für Stände, Berufe und das Siedlungswesen und ebenso für die Mehrzahl aller gebräuchlichen Namen. Die Religionswissenschaft sieht im Heiligenkult den Durchbruch des religiösen Bedürfnisses des Volkes gegenüber dem strengen Monotheismus des Christentums. Sie verweist auf die Zusammenhänge zwischen volkstümlicher Mythologie und dem Bedürfnis, religiöse Dinge zu vergegenständlichen und zu personifizieren, was bedeutet: es wird eine Person gebraucht, die als „Vorlage" für die religiöse Erklärung natürlicher oder übernatürlicher Phänomene dient.

Dieser Aspekt der Heiligenverehrung war und ist es, der nicht allen Kirchenfürsten geheuer ist. So mancher Heilige hat denn auch nach weltlich-brauchmäßiger Sitte weit reichere Bedeutung als innerhalb der kirchlichen Sphäre.

Aber es ist dies unter den Kröten, die die Kirche geschluckt hat, nur eine. Eine andere ist ein Detail aus dem später zur Behandlung anstehenden Mandlkalender:

Er, der gelegentlich als „Manderl"kalender bezeichnet wird, führt nicht etwa allein Wetterprognosen im Schilde, sondern war in vergangenen Zeiten auch so etwas wie eine Hausapotheke für den — mit Verlaub — Hinterwäldler. Daß die Vergangenheit des Katholizismus so manchen kruden Aberglauben gebar — voran den Ablaßverkauf — ist hinlänglich bekannt. Auch im Mandlkalender mußten die Heiligen für eine phantastische Eigenschaft herhalten: sie galten als Krankheitspatrone. Es wurde vor der Behandlung durch einen Bader ein bestimmter Heiliger angerufen, damit die Kur ohne Schaden überstanden werde. Damit die Anrufung aber beschleunigt und das Ergebnis verbessert wurde, pflegte man die Heiligenbilder zu verschlucken, die in den Mandlkalender gedruckt waren. Das Verschlucken dieser Heiligenbilder sollte auch das Beten nach der Vorlage, die man nicht immer lesen konnte, ersetzen. Im besseren Falle waren diese Heiligenbilder auf Oblaten aufgedruckt; ärmere Leute aßen „aus dem Kalender".

Einerlei ob Papier oder Teig, diese Heiligenbilder mußten als „Eßbildln" oder „Eßzetteln" herhalten. Ein Überbleibsel dieses Brauches gibt es noch: es sind die „Kommunionzettel" oder „Beichtbildln".

Die Reformation hat mit derlei Gebräuchen aufzuräumen versucht, es aber, wie bekannt ist, nicht geschafft. Luther hat schon, nicht ohne Boshaftigkeit, vorgeschlagen, die Gedenktage der Katholiken wöchentlich zusammenzufassen und einen jeden Sonntag mit „Allerheiligen" zu bezeichnen, und die Bemühungen des Papstes Johannes XXIII. haben, zumindest in Sachen Bauernregel und -praktik, das Durcheinander noch vergrößert. War zum Beispiel bis zu der von ihm verursachten Reform am 11. 5. Mamertus, gedenkt man jetzt an diesem Tage Philippus und Jacobus. Oder der 25. 5., bislang dem Urban geweiht, kommt jetzt Gregor VII. zugute, und Petronella am 31. 5. mußte dem Fest „Maria Königin" weichen.

Abgesehen von solchen grundsätzlichen, im Vatikan entschiedenen Angelegenheiten bleibt noch die Färbung des Kalenders nach Landstrich und Region zu erwähnen. Was dort ein bekannter Patron ist, muß andernorts nicht einmal unbedingt im Kalender erwähnt sein. Die Gründe dafür sind im Kapitel „Zeitzählungen" ausgeführt.

In jedem Falle aber bleibt die Erscheinung stehen: mit einem solchen Bekanntheitsgrad hätten weder die Heiligen gerechnet noch jene Leute, welche deren Namen ein erstes Mal auf den christlichen Festkalender schrieben. Und unseligerweise wird den Heiligen im Volksglauben eine Kraft in Sachen Wetterzauber zugeschrieben, nur weil ihre Gedenktage zufällig auf einen Lostag fallen.

Astrologie
Die Königin des Aberglaubens

Sie sei die Königin des Aberglaubens, hat man von ihr gesagt, sie hat Verehrer und Verächter, auf ihr wurden Weltgebäude errichtet und wegen ihr wurden Menschen zuhauf umgebracht, sie hat Phantasien entzündet und ihre Bezugselemente werden — wenigstens in dieser Epoche — unerreichbar bleiben: die Astrologie. Kaum ein Wissensgebiet hat — wohl durch die Unmöglichkeit, es empirisch erforschen zu können — so viel ausgelöst wie die Lehre von den Gestirnen, von ihren Gesetzen und deren bewiesenermaßen oder angenommenermaßen bestehenden Einflüssen auf die Erde und das Sein auf ihr, und was an Lehren an der Astrologie noch hängt oder aus ihr geboren wurde.

In Wahrheit hält schon die Bezeichnung für diese Turnübungen menschlichen Geistes einer genaueren Betrachtung nicht stand. Die Astrologie müßte nämlich „Astrosophie" oder „Astromantik" heißen, denn eine „Logie", eine Lehre, wird üblicherweise auf etwas begründet, das als bewiesen gilt, auf einem Boden, den man wenigstens als bestimmt anzusehen übereingekommen ist. Unsere Zeit besteht auf „Wahrheitsbeweise", auf Belege; diese Zeit denkt materialistisch, sie schätzt es nicht, was Rechenbehelfe nicht nachmessen können. Der Beleg für die astrologischen Annahmen aber wird weiter ausbleiben.

Die Astronomie wenigstens beruht auf Bewiesenem, Errechenbarem. Sie fristet ein Dasein, das durch die Neugierde auf das Was und Wie im All und die Notwendigkeit, die Fahrzeuge des Menschen zwischen den Planeten hindurchfahren oder auch auf ihnen landen zu lassen, immerhin aufgewertet worden ist. Im Altertum trennte man zwischen Astrologie und Astronomie noch nicht.

Es sei babylonisch-hellenischen Ursprungs, dieses Wissensgebiet, lehrt die Geistesgeschichte; wenigstens sind die ältesten uns bekannten Dokumente aus dieser Zeit. „Uns bekannte Dokumente" müßte eigentlich „für uns lesbare Dokumente" heißen, denn Interpreten, welche andere „Dokumente" zum Vorteil ihrer Annahmen auslegen, werden von der Schulwissenschaft in das Reich der Spekulation verwiesen.

Eine streng wissenschaftliche Darstellung der Astrologie fehlt nach wie vor, obwohl sie seit Jahrtausenden angewandt wird. Ihre Bewertung von seiten der Gelehrtenschaft schwankt, wie schon angedeutet, zwischen Lächerlichkeit und Bewunderung: Nach Hartlaub wäre sie ein „monumentaler Irrtum", nach Cassirer wiederum „einer der großartigsten Versuche systematisch-konstruktiver Weltbetrachtung, der je vom menschlichen Geiste gewagt wurde". Wir können nicht umhin, auch bei Annahme des ersten zitierten Argumentes das zweite zu schätzen, denn die Astrologie steht neben der Philosophie und der Mathematik als die Mutter des abendländischen Denkens da. Und Überlegungen, die neben dem geistigen Mutterleib herzulaufen versuchen, sind, wenn schon nicht unmöglich, so zumindest doch schwierig. Beitl hat das, was hier mit „Mutterleib" gemeint ist, getroffen: Es wäre zu überlegen, „ob unter der astrologischen Praxis der Jahrtausende mit all ihren spielerisch-erfinderischen Systematisierungen doch eine gewisse Urerfahrung — sagen wir kühn: eine besondere Sternfühligkeit der archaischen Bewußtseinslage — verschüttet worden ist".

Im Hohen Mittelalter ist die Astrologie Hand in Hand mit der Christianisierung in den deutschen Volksglauben eingedrungen, und zwar mit den gartenbauenden Mönchen. Die Literatur der Bauernpraktiken liefert aus dem 15. und 16. Jahrhundert die ersten erhaltenen Zeugnisse von Sternengläubigkeit in unserem Raum, wie sie heute im Umgang mit der Natur praktiziert wird. Daß sie in der Gegenwart wieder auflebt, deutet Hartlaub „als Symptom unserer gegenwärtigen sozialpsychologischen Lage und ihrer eigentümlichen seelischen Bedürftigkeit, inmitten einer noch immer zunehmenden Säkularisierung, Entmythologisierung, Entmagisierung der Welt".

Horoskopie
„Glück" oder „Prüfung"?

„In die Stunde (zu) schauen" versuchten aller Wahrscheinlichkeit nach auch frühere Kulturen; in unserem Kulturraum ist dies ein erstes Mal von den klassischen Griechen überliefert. Von „hora", die Stunde, und „skopein", schauen, leitet sich die in unserer Sprache gebräuchliche Bezeichnung für die Erforschung dessen ab, was kommende Stunden an Schicksal beinhalten mögen. Das älteste heute bekannte Horoskop wird auf 410 v. Chr. datiert, und die Griechen wiederum haben diesen Brauch aus der babylonisch-assyrischen Astrologie übernommen. Mit der Astrologie erfuhr die Horoskopie im Hohen Mittelalter in Deutschland neue Belebung, und aus Gründen der vorerwähnten „eigentümlichen seelischen Bedürftigkeit" erfährt die letztere zur Zeit eine neuerliche Wiederaufwertung.

Sicher ist die heute gepflegte Horoskopie nicht dieselbe, welche in Babylon und Assyrien erdacht wurde. Der mythische Sternglaube von einst, der von der Vorbestimmtheit alles Geschehenen überzeugt war, und die gelehrte Deutung der Sternkonstellationen von heute zum horoskopischen Ganzen wurden durch die arabischen Einflüsse, durch die Renaissance und die neue Astrologie umgestaltet.

Die Herleitung erfolgt hauptsächlich durch die Tierkreiszeichen, die im Sternenhimmel eine Orientierung ermöglichen. Für deren Bedeutungsschwere wird „immer wieder" (Beitl) wissenschaftlicher Rang beansprucht. Die Tierkreiszeichen werden, wie Hartlaub kritisiert, „für so etwas wie die kosmisch-symbolische Geheimschrift eines Mysterienweges, einer läuternden Persönlichkeitsentwicklung" gehalten. So wird die Horoskopie von der „strengen" Wissenschaft angesehen: Sie fördere in jeder Weise die Selbsttäuschung (Beitl) und lasse Belehrungen auch dann nicht zu, wenn statistische Erhebungen das Ergebnis jener publizistisch wirksamen Prophezeiungen in die Schranken des Volksglaubens weisen. Eine 1954 vom Rheinischen Merkur durchgeführte Untersuchung ergab eine Trefferquote von lediglich 5 %, und dieses sowie andere „streng wissenschaftliche" Ergebnisse werden dem Volksglauben bei der Frage nach dem Inhalt einer kommenden Stunde entgegengehalten.

Allerdings verleugnet die strenge Wissenschaft nicht die Möglichkeit der autosuggestiven Wirkung, und auf der Heilsuche ist die Frage nach dem Mittel allemal zweitrangig.

Ohr und Auge an der Erde

Bauernpraktik
„. . . das gantz iar auffmercken . . ."

Ein Kalender hat aber nicht nur geschrieben, sondern auch angewandt zu werden. Der Begriff „Kalender", der übrigens auf jene „Kalenden", welche im antiken Rom den ersten Tag des Monates bezeichneten, zurückgeht, bedeutet dementsprechend nicht nur die vom Stand der Gestirne abgeleitete Art der Zeitmessung, sondern auch die Form, in der Zeit aufgeschrieben wird.

Seit dem 12. Jahrhundert sind in diesem Sprachraum Runenkalender bekannt. Sie waren, wie bereits erörtert wurde, aus Holz gefertigt und in der Form einer mehrkantigen Walze ausgelegt, und die ältesten Einblattkalender kennt man seit dem 15. Jahrhundert. Ob aus Holz oder Papier, ob geschnitzt oder gedruckt — in jedem Falle war der Kalender ein wichtiger, ja vielleicht der wichtigste Träger des Volksglaubens und -wissens. Vermerkte er doch die Tage, von deren richtiger Verwendung Sein oder Nichtsein abhing in den Zeiten, als „Printmedien" noch nicht einmal dem Namen nach bekannt waren, und summierte sich doch in ihm das „auffgemerckte" Wissen zu jener Erfahrung, welche das Ruhebett der keimenden Kultur ist. Von 1470, also aus der ersten Zeit der Buchdruckerkunst, stammt auch ein erster Kalender mit den nach wie vor beliebten Monatsbildern, und ein Zürcher Kalender von 1574 zeigt bereits die bis heute unverändert den Monaten zugeordneten Tätigkeiten. Der Januar wird in diesem Kalender von 1574 mit einem Mahl dargestellt, das neben einem

Backofen eingenommen wird, im Februarbild ist eine Pflanzszene enthalten, im März pflügt man, im April wird gemolken und gebuttert, im Mai wird auf Scheiben geschossen und mit dem Kahn gefahren, im Juni ist eine Schafherde abgedruckt und eine Szene, die das Erdehacken darstellt, im Juli wird gemäht und geheut, im August Korn geschnitten, im September Winterkorn gesät und geeggt, im Oktober gekeltert, im November gedroschen und im Dezember werden Schweine geschlachtet.

Fraglos hat solche Sitte nicht bloß dekorativen Charakter, sondern vor allem wohl verhaltensanweisenden, -notierenden und -vorschlagenden, konnte doch der größere Teil der Bevölkerung weder schreiben noch lesen, eben nur Bilder anschauen. Freilich wäre ohnehin durch die mündliche Überlieferung bekannt gewesen, was im jeweiligen Monat zu tun war; so kommt dem Hauskalender zusätzlich die Funktion einer kulturellen Äußerung zu.

Aus dieser Zeit stammen auch andere bildhafte Darstellungen verhaltensanweisenden, unterrichtenden und belehrenden Charakters für Leseunkundige. Es sind die „Arme-Leute-Bibeln" aus Bildern und die „Fastentücher", jene die Bibel mit Bildern erzählenden Tücher, mit welchen während der Fastenzeit die Altäre der katholischen Kirchen verhängt werden.

1508 konnte sich der Landmann, sofern er des Lesens kundig war, bereits mit einem „richtigen" Buch behelfen, denn von diesem Jahr an erschien die erste Bauernpraktik. Die Erstausgabe ist betitelt mit „In disem biechlein wirt gefunden der Pauren Practick vnnd regel darauff sy das gantz iar ain auffmercken haben vnnd halten". Dieses „biechlein" erfuhr nicht weniger als 39 Auflagen und wurde sage und schreibe bis 1895, also über 387 Jahrgänge, gedruckt, zuletzt in Schweden. Es ist hier der Platz, noch einmal daran zu erinnern, daß derlei Druckwerk im Regelfall zum einzigen Lesestoff des bäuerlichen Haushaltes zählte, neben der Bibel und allenfalls dem Gebetbuch.

Die Zeit, in der die Erfindung der Buchdruckerkunst die Entwicklung der abendländischen Kultur zu beschleunigen begann, ist auch die Zeit, in der man das vorher landschaftenweise bekannte und mündlich weitergegebene Kalenderwissen zu drucken anfing und damit dessen Verbreitung förderte. Reymanns Wetterbüchlein von 1510 markiert ein wichtiges Datum: in der beginnenden Neuzeit zeugt bereits eine verhältnismäßig große Zahl von Büchern von der Nachfrage nach der Bauernpraktiken-Literatur.

Bauernkunde
Ohr und Auge an der Erde

Keineswegs aber hat man Erfahrungen, die aus Wetterbeobachtungen resultieren, erst nach der Entstehung des christlichen Festkalenders in Sprüche zu fassen angefangen, vielmehr reicht dieser Brauch viel weiter in die Geschichte des Kontinentes zurück. Er reicht zurück bis zum Seßhaftwerden der einst nomadisierenden Alt-Europäer. Und die „Volkwerdung", wie die Ethnologen sagen, beginnt mit der Entstehung des seßhaften Bauerntums.

In altgermanischen Verhältnissen bestand zwischen dem Nährstand und dem Wehrstand kein innerer Gegensatz und kein hierarchischer Unterschied. Es wurde je nach Bedarf von allen Menschen mit Ackergerät und Schwert hantiert, und dies, wie in Cäsars „Gallischem Krieg" nachzulesen ist, mit durchaus vergleichbarem Geschick; es war der Krieg also eine klassenlose Angelegenheit. In Rom dagegen, wo die „classici" zu Hause waren, rechnete man es sich zur Ehre an, sich eine Rüstung leisten zu können, und es war ein Privileg, die Armee beziehungsweise eine ihrer Einheiten aus eigener finanzieller Kraft unterhalten zu dürfen. Es war auch nicht jedermann zum Steuerzahlen berechtigt, und man bewarb sich darum, zu den öffentlichen Mitteln beitragen zu dürfen. In der Tat, das gab es einmal.

In direkter Vorfolge zu den Gepflogenheiten unseres Gesellschaftsmodells steht das „arbeitsteilige" Prinzip der Urbanisierung im Hohen Mittelalter: Damals, in der Zeit der Städtebildung, begannen sich unterschiedliche Auffassungen vom Selbstbild eines Standes oder einer Schicht einzustellen. In der Zwischenzeit haben sich, durch die der Gesellschaft innewohnenden Dynamik, die Voraussetzungen so weit geändert, daß die Völkerkunde schon ihre Tochtergebiete „Proletariats-" und „Großstadtvolkskunde" kennt.

Trotz all diesen Ausformungen aber bleibt der Bauer den ursprünglichen Quellen der Volkskunde näher als sonst ein Stand. Auch wenn er, wie heute üblich, vom „Betrieb" spricht statt vom Hof, wenn er die gesammelte Erfahrung von -zig Bauerngenerationen über

Bord zu werfen sich leisten kann, weil es die Gefriertruhe gibt und weil für Holz Saisonpreise bezahlt werden, auch dann ist er dem Ursprung aller Mythologie näher: er sieht wachsen. Ackerbau, Viehzucht, Weide-, Wald-, Wasser- und Bergwirtschaft: sie sind die Säulen der Menschheit. Dort, im Boden, wo der Landwirt mit Füßen, Händen und Sinnen verhaftet ist, wurzelt jeder Glaubenssatz und jede Ethik.

Mandlkalender
Wie ein Amulett am Busen

Die Feudalherren mögen sich in den „Ballhäusern" und in den Spielstätten der Theaterspieler und Possenreißer vergnügt haben, die Aristokraten mögen die Gelehrtensprache Latein gepflegt und infolge fleißigen Studiums ein erstes wirkliches neuzeitliches Gelehrtentum hervorgebracht haben, Dreißigjähriger Krieg und Pestilenzen mögen den Stand derjenigen, welche immer das Nachsehen haben, der ärmeren und kleineren Leute nämlich, arg dezimiert haben — in all der Zeit lag im Altarwinkel oder in einem Schrank des alpenländischen Bauernhauses der Kalender

Der Bauer und alle anderen im ländlichen Hauswesen Lebenden konnten nicht lesen, das heißt, die Schriftsprache nicht. Die wichtigen Dinge des Staates und der Bildung wurden aber ohnehin lateinisch geschrieben, in einer Sprache also, welcher der Bauer nicht mächtig war. Andererseits betrafen ihn die wichtigen Dinge des Staats und der Bildung gar nicht, und der Steuereinnehmer, das einzige Bindeglied zwischen Bauern und Herrscher, war der rauhen Sprache der Bauern kundig. Für jene Dinge aber, welche wohl das Volk betrafen, die aber nicht des Lateinischen würdig waren, gab es ohnehin keine richtige Schriftsprache, sondern eher ein schriftliches Hilfsmittel.

Der Kalender aber enthielt die Schriftsprache des Bauern: die Bilder der Analphabeten. Die Hieroglyphen des geschnittenen Stab- oder gedruckten Blattkalenders wurden ergänzt und vervollständigt, Prognosen wurden erstellt und Wettersymbole ersonnen, die Tagestierkreiszeichen zogen in den Kalender ein, und als die Heiligen aus dem christlichen Festkalender übernommen wurden, war der erste Mandlkalender in gehefteter Form fertig. Er war ein buntfarbiges Büchlein voller geheimnisvoll anmutender und bedeutungsschwerer Zeichen.

Dieser „Bawren"kalender war das Jahrbuch des Landmanns, sein Tagebuch und seine Hauschronik. Wann Kuh und Schwein gedeckt wurden und kalbten bzw. warfen, wann die Kinder geboren wurden und zur Erstkommunion gingen, wann sie heirateten oder zum Militär gingen, wann die Alten starben und wann er selbst krank war: das alles trug er in den Kalender mittels eines Zeichens ein, und zwar in der angeführten Reihenfolge. Denn das Wohl des Hausviehs ging auf eine merkwürdige, aber doch verständliche Weise vor dem Wohl der Familienmitglieder und Dienstboten, denn deren Leben lagen unbeeinflußbar in Gottes Hand. War das Jahr um und brachte der Kalenderverkäufer den Kalender für das neue Jahr, wurde der alte Kalender zur bestehenden Sammlung geheftet, wo er das Kalenderbuch um einen abgelaufenen Jahrgang erweiterte. Es gibt Volkskundler, die im Besitz von wahren Sammlungstürmen sind.

Der Bauer und alle im Hauswesen Lebenden kannten die Bedeutung der Bilderschrift ihr Leben lang, wurden sie doch, soweit es kirchliche Symbole waren, vom täglichen Leben in sie eingeführt. Zudem wurde die Kenntnis der Lesenden täglich bzw. allsonntäglich wieder aufgefrischt. So ist es nicht übertrieben, bezeichnet man den Bauernkalender als „Evangelium und Religion, Sitte und Talisman, Tagebuch und Hauschronik und Kalender dazu, das Alles ist dem steierischen Landmanne dieses kleine, bunte Büchlein", wie Rosegger schreibt. Nach diesem Dichter und Volkskenner „kennt kein Mönch sein Brevier so gut, als der Bauer seinen Kalender". Und an jedes Bildchen knüpfte der Bauer, vielfach mit einem gereimten Merkspruch, einer Erinnerung, einen Wahlspruch, eine Regel oder Sitte.

Im Altarwinkel oder in einem Schrank lag dieses Jahrbuch also. Rosegger weiter: „In jedem Bauernhof und in jeder Hütte der Steiermark ist er zu finden und der Holzhauer trägt ihn in seinem Tagwerkbüchel und der Bettelmann in seinem Rucksack und die Stallmagd trägt ihn an ihrem Busen, wie ein Amulet und thut zuweilen einen andächtigen Blick in die bunte Hieroglyphenschrift . . . Dieser Kalender ist ihm (dem Eigentümer, Anm.) Begriff der Zeit; zwanzig solche Kalender, da ist noch das erste Viertel und er kann heiraten, sechzig solche Kalender — dann ist Matthäi am Letzten . . . Die Bäurin zählt die Fasttage, die Knechte machen sich über die feuerrothen Festtage her und die Mägde wollen vor allem wissen — wie lange der Fasching ist ... Ein gar verdächtiges Zeichen ist es, wenn sich eine Magd zu eigens den Kalender kauft und oft verstohlen in demselben blättert. Nicht der Heiligen Gottes wegen thut sie es, die sich durch all die zwölf Monate hin in buntester Reihe postirt haben, auch nicht der Fasttage und Feiertage und des Faschings wegen; es sind ihr ferners die Witterungen gleichgiltig, sie will was Anderes wissen, sie zählt die Wochen ab bis zu der zwanzigsten, dreißigsten, vierzigsten und dort macht sie mit der Stecknadel ein Loch ..."

Antikes Erbe
Ptahotep in Steiermark

Aus dem Bedürfnis ländlicher Frömmigkeit, aus Formenreichtum und sinnlicher Prägung der Barockzeit und aus dem ursprünglich nebenher laufenden Bauernwissen um kosmische Zusammenhänge hat sich ein Kalender entwickelt, der von Gutenberg bis heute ziemlich unverändert in einer einzigen Verlagsanstalt hergestellt wurde. Diese „Analphabetenliteratur" ist, noch zusätzlich mit Bilderschrift-Litaneien, wegen ihres Seltenheitswertes heute gesucht; sie wird, da auch ihre Inhalte in dieser Zeit wiederentdeckt werden, zweifellos noch fröhliche Urständ feiern.

Keineswegs waren die bisher angeführten Merktage allein des

Festgehaltenwerdens wert, in der „Pawren Kalender" vor Gutenberg stand auch Abergläubisches, Aftergläubisches und Magisch-Zeitbezogenes. Da die Kalender schon Wetterwenden, also von der Natur fest eingerichtete Marken beinhalteten sowie auch Wissen aus der vorchristlichen Zeit, und da sie ohnehin die Funktion des Hausbuches erfüllten, was lag für manche ältere Autoren näher, als sie in die Nähe der magischen Bücher zu rücken? Die Voraussetzungen waren für sie gegeben: Die geheimnisvoll anmutende Bilderschrift, die astrologischen Zeichen für Sternbilder, ererbt aus ägyptischer Zeit, die Vermerke betreffend die Ernte von Kräutern, mit denen nachgewiesenermaßen — heute kommen sie wieder in Mode — Heilerfolge bei Mensch und Tier zu erzielen sind. Über die Jahre entstand eine Sammlung von Zeichen, die ein Außenstehender durchaus mit der Kabbala der Juden und den Schriften des dreifach gelehrten Hermes aus Ägypten in einem Atemzug nennen konnte.

Ägyptisches und chaldäisches Erfahrungsgut ist im steirischen Mandlkalender von 1985 nachweislich noch immer zugegen. Es gibt in ihm mehr als ein Relikt aus vorsintflutlicher Zeit: etwa die „ägyptischen Tage", im Volksmund unverändert als solche bezeichnet, sind dieselben, die im anhängenden Kalendarium als „böse Schwendtage" bezeichnet sind. An diesen Tagen genügt es, der Pflanze einen unbedeutenden Schaden zuzufügen, um sie zur Gänze verderben zu lassen; im „ägyptischen Sinn" verdirbt aber jedes andere Unterfangen auch. So lasse man der Regel gemäß nie an jenen Tagen zur Ader, denn des Blutens ist dann kein Ende mehr.

Oder die konstellationsbezogenen Kalenderzeichen: fraglos hat sie nicht das karolingische Bauernvolk begründet, sondern sie sind aus vorchristlich-orientalischer Gelehrtheit übernommen. Und sie stehen auch 1985 im Bauernkalender, und zwar unverändert seit alters her und ohne daß die gelehrte Schicht dies bewirkt hätte, ebenso ohne die bewußte Lenkung durch das „anerkannte", also das akademische Wissen.

Doch bevor wir uns in der Betrachtung eines okkulten Teiles des steirischen Bauernkalenders ergehen, sei festgehalten, daß Sternbilder aus ägyptischer Kenntnis wegen ihres Einflusses auf das alpenländische Naturjahr auch in modernsten Bauernkalendern noch verzeichnet sind. Die „Hundstage" sind die augenfälligsten: sie rühren vom Umstand her, daß eine bestimmte Konstellation des Sirius oder „Hundssterns" mit gewissen klimatischen Erscheinungen auf der Erde Hand in Hand geht (es handelt sich bekanntermaßen um Hitze und Trockenheit). Diese „Hundstage" sind nun im Bauernkalender mit zwei Hunden markiert: der eine schaut nach rechts, also nach vor in die Hundstage hinein, und der andere nach hinten zu den vergangenen Hundstagen.

Die ägyptische und die babylonisch-assyrische Kultur starben nicht etwa ab, wenn auch die äußeren Zeichen der Staatsmacht im Staub versanken. Diese Länder und ihre Gelehrten beeinflußten ihre Umgebung, und Teile ihres Wissens gelangten in das Abendland.

Es gab immer Gruppierungen, die im Unterschied zum historiographischen Wissen ein „Nebenher-Wissen" pflegten, und seien es

Bruderschaften, Sekten oder einzelne — vielleicht emigrierte einzelne — Patriarchen gewesen. Mit heiligen Eiden meinten die Träger des Wissens dessen Bedeutung erhöhen und es mit einem mystischen Hauch umgeben zu müssen, ein Eingeweihtentum tradierte die „okkulten Geheimnisse" und höher Einsichtige „hüteten ihre Geheimnisse", wie man zu sagen pflegt. In Wahrheit klafften einfach unüberwindliche Abgründe zwischen Eingeweihten und Ahnungslosen, und der Letzteren Unverständigkeit gipfelte in der Annahme, Wissen sei Geheimnis und Schriften seien magische Zeichen.

Des Deutens ist übrigens, wenn einmal eine Bilderschrift, die doch eigentlich das Sinnbild der inhaltlichen Ungenauigkeit ist, betrachtet ist, kein Ende mehr. So maßen die frivoleren unter den Volksmundsprüchen den Heiligen, die jeweils an den Hinterseiten der Hunde angeordnet sind, weniger ehrsame Bedeutung bei und münzten wohl auch manchen weniger gescheiten Spruch auf sie. Schlecht ging's auch dem Führer Adolf Hitler, der zuerst die Streichung der Heiligensymbole aus dem Mandlkalender und deren Ersatz durch Symbole der neuen Volkstümlichkeit und Soldatenmystik durchgesetzt hatte, sich dann aber, da sein Geburtstag ebenfalls mit Symbol und Namen im Kalender vermerkt worden war, ausgerechnet der Kehrseite eines im Regen stehenden Raben und den darauf sich beziehenden Volksmundsprüchen ausgesetzt sah.

Bauernregeln
Wissenschaft entsteht aus Aufschreiben

Der christliche Festkalender begründete also die Tradition der bäuerlichen Wetterprognosen nicht, er bot diesen allenfalls einen Ort, an dem sie aufgemerkt werden konnten. Denn der Festkalender teilt das Sonnenjahr in überschaubare Abschnitte, ähnlich wie das „Geschäftsjahr" durch Wochen geteilt wird. Und „auffgemerckt" heißt in diesem Zusammenhang nicht etwa, daß der Landmann vor der Jahrtausendwende seine Termine in einen Jahresterminplaner eingeschrieben hat wie Menschen aus der Wirtschaftswelt es heute zu tun pflegen. Dieses „auffgemerckt" heißt vielmehr, daß der Landmann ein Zeichen, eine „Rune", in sein Holz schnitt oder in den Stein schlug oder anbrachte, wo immer er seine Merkzeichen für das Jahr aufschrieb. Dieses Zeichen ersetzte eine Beschreibung durch viele Worte.

Und welche Bedeutung beinhaltete dieses Zeichen? Der Bauer merkte auf, was seiner Erfahrung nach die gerade vor sich gehende Wetterumstellung für die Feldwirtschaft im nächsten Jahr für Konsequenzen haben mochte. Irgendwann hatte er vielleicht zu früh gesät, und weil die Keimlinge erfroren, hatte er im Herbst kein Brot; oder irgendwann hatte er die rechte Zeit verpaßt und der Boden gefror wieder, während die Körner noch schutzlos auf der Erdoberfläche lagen. Aber auch wiederkehrende Regenperioden waren zu beachten: zu nasser Boden taugt nicht und zu trockener noch weniger. Und im Laufe eines Lebens oder über Generationen hinweg lassen sich aus solchen Aufzeichnungen bestimmte Gesetzmäßigkeiten ableiten.

Solche einfachen Grunderfahrungen mögen die Ursache für die schriftliche Aufzeichnung von Landwirtschaftserfahrungen gewesen sein. In Wahrheit ist die Angelegenheit ein wenig verästelter, denn sie ist nicht nur in der Erfahrung, sondern auch in Gelehrtheit und Instinkt beheimatet, im Instinkt, den die Art als Überlebensgarantie braucht. Wenn der oben zitierte Bauer im Herbst kein Brot hatte, starben die schwächeren und kleineren Familienmitglieder im Winter.

Die in beinahe unvordenklicher Zeit begründeten Bauernregeln sind Volksmundsprüche, die sich auf die Wettervorhersage beziehen. Die Völker, welche zwangshalber Christen geworden und auf diese Art mit dem christlichen Festkalender in Bekanntschaft gekommen waren, waren nicht im Alleinbesitz des geistigen Eigentums der Wetterregeln. Alle Kulturnationen und auch alle als primitiv bezeichneten kennen solche Regeln.

Zum einen Teil sind die Regeln auf lokalen Wettererscheinungen begründet. Gründe dafür sind in unseren Breitengraden zur Genüge vorhanden: maritime Lagen einmal, alpine Lagen ein andermal; und gebirgige Formen, die die Klimabildung beeinflussen, wie die Wetterscheiden, die es in beinahe jeder Region gibt.

Zum anderen sind viele Bauernregeln aber in der Tat Relikte aus der Antike. In ihnen sind, wie bereits abgehandelt, die Überbleibsel ägyptischer und babylonisch-assyrischer Meteorologie und Astrologie enthalten. Diese haben die hellenische Kultur überstanden und wurden durch die römische, auf der wir doch geistig primär fußen, sogar neu belebt. In Vergils „Georgica" ist eine Zahl von Wetterregeln enthalten (Buch I, 351—463), und Vergil bietet nur eine jener Quellen, aus welchen sie in das abendländische Wissen übergegangen sind. Doch haben die Bücher Vergils wie auch andere antike Dokumente lediglich die Bedeutung eines historischen Zeugnisses für die Anwendung von Wetterregeln, denn zur Zeit der Niederschrift waren die Regeln allgemein bekannt und sie wären auch dann tradiert worden, wenn sie kein Schriftsteller aufgeschrieben hätte.

Die Christianisierung hat der Tradition nicht etwa einen Riegel vorgeschoben, wie man meinen könnte, handelt es sich doch um „heidnisches" Gedankengut im weiteren Sinne und bezeichneten die Christen noch im 18. Jahrhundert das „Astrologium" als „Lastrolugium", das zu den Sternen, also von Gott weg führe. Die Christianisierung hat vielmehr die Sammlung von Regeln gefördert, und zwar durch eine Nebenerscheinung, welche von der Art der christlichen „Entwicklungshilfe" des Frühen und Hohen Mittelalters bedingt war: die Mönche betrieben Garten- und Feldbau und übernahmen die Pflege von Kulturpflanzen als Aufgabe. In diesem Einsatzgebiet standen sie naturgemäß der Wetterbeobachtung nahe, und, da sie nicht Kulturen in Hausgartengröße vor sich hatten wie ihre einzelnen Schutzbefohlenen, sondern einen Überblick über die Gartenflächen des Besitzes einer geistlichen Körperschaft, mußten sie sich zwangläufig mit der Wetterabhängigkeit auf professionelle Art auseinandersetzen.

Bleibt noch zu bemerken, daß natürlich nicht alle Regeln aus der

Antike stammen, sondern ein Gutteil davon auch aus ungeschulter naiver Beobachtung. Reste vorchristlicher Mythologie haben darüberhinaus ebenso in die Kunst der Prognose Eingang gefunden wie auch die Erscheinungen des höchst irdischen Alltags. Die Volkskunde vermag heute alle Grundformen nicht mehr zu trennen.

Geschehnisse erkannt
und zum Vorteil genutzt

Wetterregeln, Schemata
Viele Sprüche, wenige Grundformen

Welchem Gemisch von Motiven und Belegen sie auch entstammen, es lassen sich zum Zwecke der Schemafindung in den Wetterregeln Gleichheiten finden und daraus Schlüsse ziehen. Siebt man die Geheimnisse unserer Vorfahren gründlich, bleibt ein recht einfaches Grundmuster hängen:

Die sprachliche Form ist stets ein Bedingungssatz. Die bekannten Wetterregeln sind zu trennen in astrologische Sprüche, in Sprüche, die aus der Witterung bestimmter Tage auf Entwicklung schließen, in Sprüche, die an Wind, Donner und Blitz angeknüpfte Erscheinungen fassen und schließlich in Sprüche, die sich auf Erscheinungen in der Tier- und Pflanzenwelt beziehen (nach Hofmann-Krayer).

In den astrologischen Sprüchen ist der Einfluß des im Kapitel „Bauernregel" angeführten antiken Wissens noch verhältnismäßig leicht nachzuweisen, denn dank der Betätigung der christianisierenden Mönche hat es sich über die Epochen erhalten. Zudem hat die Astrologie im Deutschland des 11./12. Jahrhunderts fröhliche Urständ gefeiert und den Boden für die Wissenschaft aufbereitet. Für eine Wissenschaft, die in der Breite noch so unbegreifbar erschien, daß ein jeder, der sich damit befaßte, in die Nähe einer dafür erfundenen Faust-Figur gerückt wurde.

Sprüche, die aus der Witterung bestimmter Tage schließen und eine solche für bestimmte zukünftige Tage voraussagen, entspringen der Beobachtung lokalen Geschehens. Das volkskundliche Wissen versteht darunter Regeln, die sich auf halbe Jahre, Monate, Wochen oder Tage beziehen; es sind dies die Lostage-Regeln. Neben der bereits erwähnten Häufung von Wetterregeln um bestimmte Jahrestage sind die Rauhnächte oder Zwölften von besonderer Bedeutungsschwere; es ist ihnen eines der folgenden Kapitel gewidmet. Ferner sind gewisse kirchliche Feiertage als Lostage besonderen Gewichts bekannt. Eingedenk der Erkenntnis aus den abgehandelten Kapiteln lassen wir uns freilich nicht blenden und wissen, daß nicht die Kraft der Tage oder der Tagesheiligen das Wetter für die nächste Zukunft bestimmen, sondern daß an diesen Tagen in dieser Klimazone erwiesenermaßen Wetterumschläge vor sich gehen und daß dafür die Tagesnamen lediglich zu Bezeichnung und Kennung herhalten. Dächte man tatsächlich, Vitus oder Vitalis änderten das Wetter persönlich und aktiv, wäre es der Ehre wahrlich zuviel.

Die Prognosekraft solcher Merktage entbehrt nicht einer gewissen Empirik: Zu Weihnachten und St. Johannis finden unbestreitbar Wetterwenden statt, oder besser: Die Tage, auf die die Wetterwenden fallen, sind nach Christi Geburt und Johannes benannt; und mit der Sonnenwende setzt auch allemal ein Wetterumschwung ein. Zu den Eisheiligen und Barnabus geht ebensolches vor sich, wie auch die Meteorologie bestätigt. Andere Wetterregeln entspringen örtlichen Gegebenheiten und haben daher auch nur an ihrem Ursprungsort Geltung.

Dem Hundertjährigen Kalender hingegen wird die Empirik, auf

welcher er aufzubauen vorgibt, schlichtweg abgesprochen. Die Meteorologen bezeichnen ihn als „glatten Unsinn". Dennoch: wir wissen, daß auch die akademische Meteorologie mit dem Blauen im Himmel arbeitet, bedenkt man ihre Trefferquote, und den Bauern kümmert eine „Großwetterlage über der Biscaya" oder ein „isländisches Tief" herzlich wenig. Er will wissen, wie sich das Wetter auf seiner Seite des Grabens entwickeln wird, und das weiß der Hundertjährige Kalender allemal so gut wie der beamtete Wetterfrosch. Denn des Hundertjährigen Kalenders Prognosen sind auf der Unzahl örtlicher Statistiken gewachsen und beinhalten die persönliche Erfahrung von Generationen.

Zahlenangaben sind in der Regel von nachrangiger Bedeutung. Vielfach beziehen sie sich auf biblische Begebenheiten wie z. B. vorausgesagter vierzigtägiger Regen seinen Ursprung in jener Bibelstelle zu haben scheint, welche über den vierzigtägigen Regen vor der Sintflut informiert. Andere Zahlenangaben wieder ergeben sich einfach aus dem Reim und haben damit mehr als fragwürdigen Prognosenwert.

Hier ist ferner eine Erörterung der allgemeinen Wetterregeln am Platze. Im Vergleich zum Prognosewert einiger geheimnisvoll anmutender Wetterregeln sind nämlich Erkenntnisse wie jene, daß Abendrot Gutwetterbot' sei, rechte Binsenweisheiten. Die Meteorologie kennt als leicht zu beobachtende Erscheinung trockenen Ostwind, der Dunst und Nebel nach Sonnenuntergang hin, also der Wärme nach nach Westen verlagert. Wenn also Dunst und Nebel mit der Sonne gehen, ist mit großer Wahrscheinlichkeit am nächsten Tag mit gutem Wetter zu rechnen. Zugleich läßt die der Sonne nachziehende warme Luft die Sonne rot scheinen. Umgekehrt enthält die Luft morgens, wenn also das Morgenrot Schlechtwetterbot' ist, nach einer meist zu warmen Nacht noch Wasserdampf, der einerseits die aufgehende Sonne rot scheinen läßt und andererseits gern als Regen auf das Vesperbrot fällt.

Daß man im Abendrot das „Küchleinbacken der Muttergottes" sehen will, wie die Schwaben sagen, verweisen wir in die Abteilung der inhaltsleeren Volkssprüche, und daß im Abendrot der „Hergott die kleinen Kindelein brät", wie in der Schweiz gesagt wird, wollen wir unseren Kindern lieber nicht erzählen und können dies unseren Nachfahren auch getrost verschweigen. In den pathetischen Teilen der Weltliteratur wurde Abendrot als Zeichen, meist als Menetekel, immer wieder eingesetzt, wie in Schillers „Wallensteins Lager". Die griechisch-römische Antike hat Abendrot ebenso gern als literarisches Instrument benutzt.

Schließlich ist auf ein gerüttelt Maß an Regeln hinzuweisen, das der mythischen Phantasie des Volkes entstammt. Zwar ermangeln solche Regeln der Voraussagekraft, wie z. B. jene von der „alten Urscha" (Ursula), die „mit dem kalten Arsch hinterherreitet", dafür aber unterhalten sie mit bilderreicher, derber Sprache umso besser.

Wetterregeln, Sprache
Von gefüllten Mäulern und kalten Extremitäten

Die Wetterregel bedient sich meist der sprachlichen Form des Reimes, der die Aufgabe hat, die Regel einprägsamer zu machen. Ein Reim prägt sich erheblich leichter ein als ein logisch vielleicht genauerer, aber komplizierterer Satz. Besonders zielführend ist es, den Namen des Heiligen an das Ende der ersten Zeile zu stellen, denn dann ergibt sich der Inhalt der Regel von selbst: von „Barthlmä" auf „tut weh" oder „tut nicht weh" zu kommen bedarf wahrlich keiner besonderen sprachlichen Leistung. Dieses Gerüst wird mit der Information, die im Fall des Bartholomäus aus der Beobachtung des Tierverhaltens geschlossen wurde, aufgefüllt: „Bleiben die Störche nach St. Barthlmä, so tut der kommende Winter nicht weh."

Daß der christliche Festkalender als Jahresgerüst hergenommen wurde, ist zur Genüge erörtert; die Namen jener Heiligen bedürfen allerdings einer sprachlichen Nachbetrachtung. Es sind dies die Namen von irgendwelchen freien oder unfreien Römern, denen aus dem schon erwähnten vorbildhaft glaubensstarken Verhalten ein Ehrenplatz im Kalender zugedacht wurde. Mit Ausnahme von ganz wenigen lateinischen Überbleibseln und Sprachinseln in Europa besteht aber zu den Namen solcher Römer keinerlei Gedankenverbindung mehr, woran die in der modernen von der klassisch-römischen Namensgebung verschiedenen Gepflogenheiten mitbeteiligt sind. Die Namen der Moderne werden vergeben, weil es einen himmlischen oder irdischen Namenspatron gibt, dessen Eigenschaften man mit der Namensgebung dem neuen Erdenbürger zukommen lassen will; weil man einem Idol huldigt oder das Neugeborene einem Führer darbringt — wohl ein Rest eines Opfergehabes. Die Römer jedoch haben, sofern sie tatsächlich oder auch selbsternannt ersten Familien entstammten, die Namen all ihrer Vorfahren in der Liste der eigenen Vornamen versammelt, um auf das Alter der Familie hinzuweisen; unter anderen Völkern tun dies die Einwohner Sri Lankas nach wie vor. Sofern die klassischen Römer gewöhnlicher Herkunft waren, haben sie mit der Namensgebung eine bestimmte Haltung signalisiert wie z. B. mit „Liberatus" (das ist der nach der dritten Sklavengeneration „in Freiheit Geborene", also ein erster freier Bürger in der Familie), oder sie haben einen Stand mitgeteilt wie z. B. mit „Peregrinus" (im Unterschied zu dem innerhalb der Stadt ansässigen Bürger „der vor den Stadtmauern wohnhafte zugereiste Wanderer"), oder sie haben auch einfach nach der Geburtenreihenfolge in der Familie gezählt, weshalb dann ein Mann einfach „Primus" (der Erste) oder „Quintus" (der Fünfte) heißen konnte.

Durch die fehlende Gedankenverbindung zu der Bedeutung der römischen Namen im Festkalender sind die Heiligen zu Namen gekommen, die hin und wieder nicht sehr ehrenwürdig, ja bei engherzigem Hinsehen gar ehrenrührig klingen. Je nach landesüblichem Dialekt wird so aus einem St. Matthias ein „Mottel" oder ein „Matte", oder der heilige Markus kommt zu der für ihn möglicherweise zweifelhaften Ehre eines „Sankt Marx". Weiters dürften sich „Mamerz"

„Servaz" und „Galle" (Gallus) nicht eben freuen über die Verballhornung, und in Bayern wurde aus dem St. Bonifatius gar ein „Bonifazi". Sprachkundige wissen, das „Fazis" und „Bazis" nicht eben ehrenwerte Leute sind.

Rüde auch der Umgang mit St. Anton, der, weil er noch dazu als Schweinepatron gilt, zum Namen „Fackentone" kam.

Grundsätzlich wird der Genitiv des lateinischen Namens verwendet, da es sich doch um den Tag *des* oder *eines* Heiligen handelt, und dabei wird der Name regional eingefärbt und ist nicht mehr unbedingt als Name eines römischen Christen zu erkennen. „Marx-Tag", der eigentlich „Markus-Tag" heißen müßte, ist schon angeführt, und „Lorenzi" („Laurentii") ergeht es ebenso.

Daß Wetterregeln bisweilen ein derbes Wort benutzen, ist am Ende des letzten Kapitels schon angeklungen. Das „Hintennach-Reiten" der Ursula, der mit dem 11. 11. ein meist schon empfindlich kalter Tag geweiht ist, oder dieselbe Tätigkeit der Sophie, welcher im Kalender der Tag nach den Eisheiligen geweiht ist, bezieht sich also auf die Reihenfolge im Festkalender, und auch letztere hat — mit Verlaub — einen kalten Arsch, was nach den Eisheiligen nicht verwundert. Ein Lostag, der gute Ernte verspricht, „füllt's Maul", läßt also reichlich Nahrung erhoffen, und ein Tag, der „nach Futter guckt", verspricht dasselbe: gefüllte Speicher und einen vorratssatten Winter. Wobei selbstverständlich Mensch und Vieh gleichermaßen bedacht sind.

Auch die Formel „eine teure Zeit (wird kommen)" verdient

Beachtung. Sie hat in zweiter Linie erst mit den Preisen für Lebensmittel und Saatgut zu tun, in erster Linie versteckt sich darin die Angst vor der Hungersnot. In „teure Zeit" schwingt die Angst vor dem leeren Speicher und der leeren Schüssel mit, aber auch vor dem leeren Futtertrog, denn solche Zustände sind für den archaischen Landwirt eine Katastrophe. Hat er kein Viehfutter, magert das Vieh ab; ist er es zu schlachten gezwungen, bringt es ob seiner Magerkeit nur Speise für den Augenblick und keinen Vorrat. Hat er es geschlachtet, hat er sich des wichtigsten Zuchtkapitals entledigt und steht am Beginn des nächsten Jahres noch schlechter da. Der Ausstieg aus der Spirale des Hungers war schwierig.

Vielfach sind die Bedeutungen solcher Bilder nicht mehr sofort schlüssig. Nicht nur die urbane Lebensweise, vor allem die industrielle Lebensmittelherstellung, die weitab von saisonalem Denken wirtschaften kann, und die Tiefkühltruhe entheben uns weitestgehend des jahreszeitbezogenen Vorratsdenkens. Andererseits haben dieselben Lebensumstände die Bange vor der Unsicherheit der einen oder zwei Ernten pro Jahr genommen, also vor wirklich elementaren Ereignissen im Bauernjahr, so daß uns erst auf den zweiten Blick begreiflich wird, daß sich die vielen Wetterregeln im Grunde nur um wenige Jahrestage scharen, sammeln und drängen: um die ehemaligen Saat- und Erntetage und um die Mondwechsel.

Noch überschaubarer wird das Jahr bei den Holzregeln: Sind die Vegetationszeiten der bäuerlichen Bodenfrüchte wenigstens verschieden lang und beginnen und enden zu unterschiedlichen Zeiten, bedarf die Pflege und Nutzung des Waldes nur mehr ganz weniger Lostage. Sie beschränken sich auf die Zeit, in der das Wachstum stillsteht, also auf die Zeit „zwischen den Jahren", und regeln die Erntetage für Holz, das nicht brennen soll, das gut brennen soll, das nicht nachwachsen soll und das dasselbe gut vollbringen soll. Dabei kommt die Form des Reimes kaum mehr vor: Holzregeln müssen nicht unbedingt im Kopf mitgeführt werden, da man nicht jedes Jahr Holz schlägt, und wenn man es schlägt, dann für jeden Verwendungszweck nur einmal im Jahr. Dafür reicht die einmalige Beschreibung und Überlieferung.

Als Ausgleich dafür klingt in der Holzregel wieder mehr archaischer Zauber mit: wenn der wissende Ahne vom „alten Schein" geheimnisvoll redet und kultisches Anhacken des Baumes anempfiehlt, scheint er gewissermaßen außerirdische Kräfte zu beschwören.

Wetterpflanzen
Rauchzeichen und schweres Geschütz

Wenn einer die Anzeichen zu lesen versteht, bemerkt er auch in der Flora ein Geschehen, aus dem er prognostizieren kann. Es gibt unter den Pflanzen im Zimmer, im Garten, im Feld und unter den wildwachsenden eine Anzahl solcher, die auf klimatische Veränderungen reagieren. Da sie dies in der Regel kurz vor der Wetterveränderung tun, nutzen sie dem Beobachter als Naturbarometer.

Klimatische Veränderungen bringen Wechsel der Luftfeuchtigkeit oder der Temperatur, möglicherweise so kleine, daß sie dem Menschen nicht auffallen. Selbst die sich verändernde Sonneneinstrahlung kann bestimmte Pflanzen zu Verhaltensänderungen reizen.

Aber auch die Fliesen im Hausflur nehmen eine dunklere Tönung an, wenn die Luftfeuchtigkeit zunimmt, wie es vor Regen gewöhnlich geschieht, und Metalle wie Kupfer und Zinn überziehen sich mit einer dünnen weißen Schicht, wenn mildes Wetter und warme Luft auf ihnen diesen Niederschlag verursacht. Baumstämme und Zäune werden heller, wenn sie Frost näherkommen wissen, und scharfe Beobachter bemerken, daß auch Bäume „schlafen gehen": Grannen, Blätter oder Zweige verändern ihre Stellung, um das Pflanzeninnere vor den kühlen Nachttemperaturen zu schützen, oder auch deshalb, weil die Sonne untergegangen ist und eine Energieabsorber-Funktion des Blattes ausfällt.

Ein Schelm der, der an dem sich schließenden Blütenkelch nur abliest, daß die Nacht kommt. Vielmehr kündigt sich an Gerste, Hafer, Geranium, Ringelblume und Wetterdistel das unmittelbar bevorstehende Wetter an. Daß diese Pflanzen durch ihre äußerliche Veränderung also bevorstehende Wetterumschwünge zeigen, dessen bedient sich das Volkswissen schon lange, so lange, wie es die Wetterregeln und die Lostage kennt.

Zuverlässige Wetterpropheten sind Lupinen und Akazien, sie schließen ihre Blüten rechtzeitig vor Regen, um so ihren Blütenstaub zu schützen. Die Pimpernelle ist sogar so feuchtigkeitsempfindlich, daß sie nur bei absoluter Schönwetterlage ihre Blüten öffnet. Und fast alle Blüten, vor allem die der Linde, verströmen vor einem Regen verstärkte Düfte, weil die steigende Luftfeuchtigkeit chemische Substanzen freimacht.

Wer mit Vieh umgeht, kann beobachten, wie Kühe vor einem Niederschlag mit erhobenem Kopf Luft einziehen oder wie Hühner geduckt auf einem Bein nebeneinander stehen. Katzen gähnen vor einem Gewitter auffällig oft, und wenn sie sich lecken, läßt das auch auf Feuchtigkeitsmangel und damit auf bevorstehendes Schönwetter schließen. Vögel zeichnen sich vor Beginn einer Schlechtwetterperiode durch besondere Badefreudigkeit aus, und sie kommen diesem Bedürfnis sowohl in Wasser als auch in Staub nach.

Bei anderen Pflanzen beobachtet man die Blütenfolge und schließt aus ihr auf künftige Witterungen. Aaronsstab, Königskerze und Seidelbast dienen als solche „Zeigepflanzen".

In Bayern ist ein Naturbarometer bekannt, das in der dort üblichen Sprache als „Hanickel" bezeichnet wird. Es ist dies ein Fichtenwipfel, der abgeschnitten und bis auf einen seiner Äste entledigt wird. Der so verbleibende Stamm mit Ast wird auf einer Seite etwa bis zur Hälfte abgeplattet, so daß der Ast jetzt seitlich absteht. Mit der flachen Seite wird dann der Hanickel an einer Scheunenwand befestigt — nicht aber dessen abstehender Ast. Der Ast hat die Eigenart, sich bei bevorstehendem schlechtem Wetter nach oben zu krümmen und umgekehrt, wenn besseres Wetter zu erwarten ist, nach unten. Er tut dies, wie Bauern und Holzfäller wissen, zwischen fünf und acht

Stunden vor der kommenden Wetterveränderung, also zu einer Zeit, zu der von den Wolken, deren Entladung eine Ernte verderben kann, noch nichts zu sehen ist.

Über den prognostischen Nutzen hinaus bedient sich der Volksglaube bestimmter Pflanzen auch zu Zwecken, die schon tief im Mythischen liegen. Solche Pflanzen sollen über wetterverändernde Kräfte verfügen, glaubt man, wenn man mit ihnen nach einem bestimmten Ritus verfährt. Hasel und Buche wehren angeblich den Blitz ab, wenn deren Zweige im Haus an exponierter Stelle — z. B. unter dem Dachfirst — angebracht sind; Hauswurz, Brennessel und die geweihte Königskerze tun desgleichen, wenn sie im Palmbusch, der am Palmsonntag geweiht wurde, vereint am Haus angebracht oder auch im Haus dem Feuer übereignet werden. Denn dieses Feuer schickt im Rauch die magischen Kräfte durch den Kamin in die Wolken, und darob haben die Dämonen in der Nähe dieses Hauses kein Verweilen.

Weiter haben, wie der Volksglaube weiß, verschiedene Blumen und Kräuter unheilwehrende Kraft, wenn sie am Tage Johanni gesammelt werden; Arnika und Hartheu sind unter diesen. Mehrere meist rot oder blau blühende Blumen des Sommers stehen in dem Ruf, den Blitz anzuziehen. Der Mohn leidet unter diesem Ruf wie auch die Königskerze, solange sie nicht geweiht ist, aber auch die Alpenrose, die Witwenblume und die Ackerskarbiose. Ferner zählen die Aberglauben-Handbücher als blitzanziehende Pflanzen auf: Glockenblume, Rote Karthäusernelke, Ehrenpreis, Wiesenschaumkraut, Bachnelkenwurz, Frühlingsenzian, Augentrost und Windröschen.

Im auslaufenden Mittelalter haben Alchimisten versucht, ein damals neues Verständnis für kosmische Zusammenhänge zu erwirken. Sie haben die Grundsteine für die Homöopathie gelegt — und sie haben mit der Anwendung von Potenzen die Gesundheit herzustellen und das Wetter zu verändern getrachtet. Der Brauch, Pflanzen zu verbrennen und deren Potenzen gleichsam im Rauch in den Himmel zu schicken, weist auf die homöopathische Praxis im Mittelalter hin.

Im 16. Jahrhundert erfreuten sich die fortschrittlicheren der Städte schon ganzer Batterien von Wettergeschützen. Das waren Kanonen, die rings um die Siedlungen oder um die Kornkammer eines Landstriches aufgestellt wurden und mittels Schallwelle oder Potenzen unheilschwangere Wolken vertreiben oder auch zum Regenablassen veranlassen sollten. Zugleich wurden auf den Herdstellen die entsprechenden Kräuter verheizt, um das oben angeführte Rauchzeichen zu erzeugen.

Kosmisches Verständnis des auslaufenden Mittelalters, wie gesagt, und der Frühen Neuzeit. Was aber beileibe nicht abwertend gemeint ist.

Schwendtage
Wenn das Böse gut ist

Bei Betrachtung der Lostage darf man auch die Betrachtung von wenn man so will, deren negativen Pendants, der *Schwendtage* nicht übersehen. Es stammt das Wort „schwenden" von „roden" her, von urbar machen, also von der Veränderung einer Bodenkultur zugunsten einer anderen, und zwar einer Veränderung mit Stumpf und Stiel. Gemeinhin wird das Schwenden heutzutage nur mehr im Zusammenhang mit dem Abholzen von Rainen an Wiesenrändern gebraucht oder mit dem Abbrennen von altem Grasbewuchs, da wir — zumindest in Europa — kaum neues Land urbar machen. Es wird auch noch für andere Aufräumungsarbeiten des Frühjahres verwendet, kaum jedoch im Zusammenhang mit Landgewinnung, was es ursprünglich bedeutete.

Die bäuerlichen Kalender des Alpenraumes kennen bis zu 42 Schwendtage, die sie unterteilen: fünf davon sind „schlimme", von diesen wieder drei „noch schlimmere", und einer dieser Tage, genauer: eine Stunde in diesem Tag, die sogenannte *Schwendstunde,* ist besonders „böse". In einem anderen Teil des Buches wurde diese Zeit bereits als die „ägyptische Stunde" bezeichnet. Keineswegs aber deshalb, weil an der abendländischen Vorstellung von Ägypten so viele negative Gedankenverbindungen hängen, sondern vielmehr, weil die ägyptische Astrologie ein erstes Mal diese Tage benannte.

In dieser einen Stunde verdichtet sich dem Volkswissen nach die böse Kraft, die jedoch nicht grundsätzlich eine negative ist, sondern in der Welt auch ihre konstruktive Funktion hat. Das bedeutet, daß der mit der Natur Lebende sich des Negativen zu seinem Vorteil bedienen kann.

Der Tatbestand, daß solche Ansätze zu einer Verehrung des konstruktiven Bösen in der christlich-abendländischen Kultur vorhanden sind, erlaubt den Schluß, daß es sich hierbei um Relikte alter, vorchristlicher Religionen handelt. Die christliche Religion ist bekanntlich die erste, die das Böse dem Guten nicht gleich-, sondern unterstellte, die Gutes und Böses nicht gleichermaßen im symbolischen Oben wohnhaft machte, sondern das Böse in das symbolische Unten verdammte. Das Christentum setzte seine Ordnungsvorstellungen jenen der vor 2000 Jahren bestehenden Religionen deutlich entgegen, insbesondere dem altpersischen Zarathustra-Kult; auch heute kennen alte Religionen wie der Buddhismus die Gleichsetzung von Gut und Böse nach wie vor und stellen diese Gegenpole in der Verehrung folglich auch gleich.

Bezeichnenderweise sind die drei „schlimmsten" Schwendtage des alpenländischen Bauernjahres auch dem Gedenken böser Kräfte gewidmet: am 3. April ist Judas, der Verräterische, geboren, der 1. August ist der Tag des aus dem Himmel verstoßenen Luzifer, der dann zum Fürsten der Finsternis avancierte, und am 1. Dezember gedenkt der Festkalender der Städte Sodom und Gomorrha — nicht etwa der sündischen Umtriebe dort, sondern des Unterganges der Metropolen.

Jedoch scheint die Betonung des Bösen angesichts der Assoziationen zu diesem in unserem Kulturkreis die Schwendtage zu überschätzen, ihr Verständnis in die falsche Richtung zu lenken. Es geschieht nicht eigentlich eine Anrufung des Bösen und auch keine Verehrung seiner Kraft, vielmehr ist der Volkskunde bekannt, daß sich gewisse Pflanzen an den Schwendtagen in einem sozusagen labilen Zustand befinden, der bewirkt, daß sie sich von Verletzungen nicht mehr erholen. So überdauert es der Wurzelstock nicht, wenn der Stamm an „normalen" Schwendtagen umgeschnitten wird — was die Pflanze, wenn ihr das in einer Zeit des Wachstum angetan wird, überlebt —, und wenn solches an „schlimmen" Schwendtagen passiert, reicht unter Umständen eine verhältnismäßig geringfügige Verletzung wie ein einmaliges Anhacken.

Nun ist bekannt, daß sich Holz und andere Pflanzen in der Tat nicht das ganze Jahr über des gleichen soliden Zustandes erfreuen; schließlich werden ja auch die Aussaat und die Ernte von bestimmten äußeren Bedingungen abhängig gemacht, und bei Holz sind die Phasen seines Innenlebens, die ebenso von äußeren Bedingungen abhängig sind bzw. zu solchen parallel auftreten, für jene Eigenschaften verantwortlich, welcher sich der Mensch nach der Holzernte bedient. Die labilen Phasen fallen nach dem Muster, das wir bereits im Kapitel „Wetterregeln" erörtert haben, aus einem ähnlichen Grund auf bestimmte Tage, wie die Wetterwende auf Vitalis; Judas kann ebensowenig für das Absterben des Wurzelstockes wie Vitalis für Sonnenschein.

In den Schwendtagen und -stunden tritt also die Erscheinung ein, daß sich Pflanzen, wird an deren Leben gerührt, nicht erholen; die Gründe dafür sind, soweit sie bekannt sind, bei den Mondeinflüssen erörtert. Wirklich aber schadet der Pflanze eine an solchen Tagen beigefügte Verletzung derart, daß sie sich nicht wieder aufrichtet — die Tage sind im anhängenden Kalendarium verzeichnet — und diese Erkenntnis kann sich der Landmann zunutze machen. Er hat z. B. ein Interesse daran, daß eine bestimmte Pflanzenart, deren Bestand im Getreideacker ihn stört, im nächsten Jahr nicht mehr vorhanden ist. Deshalb reißt er sie aus oder zieht auch nur einmal an ihr, wenn es an einem „schlimmen" Schwendtag passiert, so daß ihre Wurzeln im Erdreich gelockert sind. Desgleichen schätzt er es wenig, wenn sich Gebüsch an einer Stelle, die er zu Kleeanbau fruchtbar zu machen trachtet, als derart hartnäckig erweist, daß es trotz Ausgrabens im nächsten Jahr wiederersteht. So hackt er es an einem Schwendtag aus, und nicht nur die Stämme veratmen ihren Lebenssaft, sondern es verderben auch die Wurzeln. An einem bestimmten Schwendtag — er ist im Kalendarium ersichtlich — reicht zu diesem Vorhaben, wenn der Stamm einmal tief angehackt wird oder wenn er bis zu seinem Kern angebohrt wird. So haucht die Pflanze denn ihr Leben endgültig aus.

Solche Kraft ist nicht eigentlich böse, wenn man dem Bösen jene Gedankenverbindungen beistellt, welche in diesem Kulturraum üblicherweise gelten. Die Kraft hat durchaus ihren positiven Platz im naturgeregelten Leben, und da wir materialistisch zu denken gewohnt sind, argumentieren wir wie gesagt mit der „Ausnutzung eines labilen und dem Absterben zuträglichen Wachstumszustandes."

Das Volkswissen geht aber über das Angeführte hinaus, wenn es die Auswirkungen von Schwendtagen aufzählt. Ihnen eignet angeblich grundsätzlich verderbliche Kraft, ja es wären Unternehmungen, die in solchen Stunden begonnen werden, von vornherein dem Untergange geweiht. So soll dem, der sich in der Schwendstunde verletzt, nicht zu helfen sein, und Eingriffe in den Körper würden zu dessen Nachteil verlaufen und zu dessen zeitlichem Ende führen — wieder ein Bereich, zu dem die Medizin vermutlich etwas anzumerken hat. In den Kapiteln über die Mondeinflüsse ist von verstärkt auftretenden Blutungen die Rede. Wir begnügen uns jedoch mit der Erkenntnis, daß man Pflanzen an den Schwendtagen „Leids zufüget, daß sie nit nachwachsen".

Rauhnächte

Wenn's drinnen warm und draußen grausig ist

Es gibt einen Umstand, der die Rauhnächte oder Zwölften aus den üblichen über das Jahr verteilten Lostagen herauszuheben berechtigt; die Gepflogenheit, aus ihrer Witterung zu prognostizieren, ist über die ganze Alte Welt verbreitet, gleichgültig, wes Stammes Kind und welch göttlicher Abkunft ein Volk ist.

Die Zwölften oder Rauhnächte sind die zwölf Tage von Weihnachten bis Epiphanias, d. i. der Heilige-Drei-Könige-Tag. Kleine Abweichungen gibt es nur insofern, als daß die zwölf bezeichnenden Tage und Nächte in Schlesien vor Weihnachten gezählt werden, in Bayern von St. Thomas bis Neujahr und in Franken und Mecklenburg von Neujahr an. Dies hat aber seinen Grund in den ehemals verschiedenen Kalendern dieser Gebiete. Die zwölf Tage kennt auch die Festzeit des Dodekahemeron der griechisch-lateinischen Kirche; bestimmt ist der Brauch, Wettervorhersagen aus den besagten Tagen abzuleiten, aber älter, denn die Mittwinterfeste sind ein indogermanischer Brauch und somit älter als alle europäischen Eigenheiten.

Man beachte, daß nach allen in den Kapiteln „Kalender" aufgezählten Arten der Zeitmessung diese zwölf Tage die ersten zwölf Tage des neuen Jahres sind. In Deutschland ist die Bezeichnung „Zwölften" erstmals 1468 erwähnt, in England belegt sie ein älteres Dokument bereits 1120 als bekannt. In Österreich werden diese Tage als „die Rauhnächte" bezeichnet.

„Rauhnächte" ist erheblich bezeichnender als „Zwölften" oder „zwölf Nächte", denn es ist dies die Zeit der mythischen Toten- und Geisterumzüge, die Zeit, in der europaweit vor dem Feuer gesessen wurde (bevor die Elektroheizung Einzug gehalten hatte), die Zeit, in der im Hauswesen das Geschichtenerzählen blühte und volksweit die Mythen entstanden. Ganz einfach — um dies zu illustrieren — aus dem Umstand, daß in der unwirtlichen Finsternis draußen der Wind durch die Wipfel pfiff, daß demzufolge das Feuer aus dem Ofen leckte und daß die Phantasie der unheimlichen Witterung einen durch die Lüfte fahrenden Dämon andichtete, mit einem wehend-haarigen Weib vorne und einem einäugig-zottigen Troß dahinter.

Just diese heulenden Übeltäter abzuhalten ist das Ziel aller Bräuche dieser Zeit. Das kann entweder durch stilles, angstvolles Erflehen und Segnen passieren, indem man Litaneien betend durch Haus und Hof zieht und mit Weihwasser und Weihrauch den Dämonen den Einzug in das Anwesen verleidet und außerdem die Geister von der Schwelle nach draußen verbannt, indem man die geheimnisvollen Zeichen „C+M+B" nebst der aktuellen Jahreszahl über den Türen anbringt. Zur Deutung dieser Inschrift werden übrigens drei Interpretationen angeboten: die Anrufung der Könige Caspar, Melchior und Balthasar als dämonwehrende Vorbilder; weiters die Lesart „Christus Mansionem Benedicat", was soviel heißt wie „Christus segne (diese) Wohnung". Es soll der zottigen Reiterei, fraglos teuflischer Herkunft, das Fürchten beibringen und sie zu Umwegen zwingen. Die germanische Geschichtstradition nimmt „C+M+B" für sich in Anspruch unter der Annahme, daß diese Formel „Ka-Ma-Bar" heißt und „Aus irdischer Liebe in artreiner Zuneigung möge reicher Nachwuchs entstehen" bedeutet.

Das Fernhalten des beelzebübischen Einflusses kann aber auch durch Lärmumzüge bewirkt werden. Wo man solche unternimmt, zieht man selbst Masken mit teuflischen Fratzen über, macht mit Kuhglocken und anderem Gerät dorfauf dorfab infernalischen Lärm und schlägt mit geweihten Ruten um sich, auf daß die Dämonen kein Verweilen haben.

Es sind in unserer Zeit noch andere Zeugen ehemaligen religiös-mythischen Verhaltens lebendig, die ihren Ursprung im indogermanischen Mittwinterfest haben. Das Bleigießen beispielsweise ist ein Rest einer ehemaligen Orakelübung, bei der Menschen mit der Gabe des zweiten Gesichtes Präkognition übten, also in die Zukunft zu sehen versuchten. Auch ist der Brauch, bestimmte Speisen zu verzehren, bekannt: Kletzen (gedörrte Birnen) sind solche Kultspeisen im Alpenraum, und in nördlicheren Gefilden ist Lebzelt eine von ihnen. Ferner besteht das Verbot, bestimmte Speisen zu essen, wie Hülsenfrüchte. Was sich da nämlich im Bauch entwickelt während der Bohnenverdauung und dann nicht ungern ausfährt, könnte ein Dämon sein, der die Bohne als Vehikel benutzt hat — einerlei, in den Rauhnächten darf nichts ausfahren.

Die Volkskunde weiß weiter von Arbeitsverboten: man soll nicht waschen, backen, düngen oder spinnen, weil auch bei diesen Tätigkeiten finstere Mächte sich einschleichen könnten; und sie weiß auch vom Tabu, bestimmte Tiernamen auszusprechen, wie Wolf, Ratte, Fuchs oder Maus. Denn diese Tiere sind Träger bestimmter Geistertypen, und die sollen nicht geweckt werden. Und schließlich — vermutlich ist die Aufzählung damit aber nicht komplett — wird oder wurde über das bereits angeführte Räuchern hinaus noch anderer Abwehrzauber geübt. Geräuchert wird mit dem „Palmbuschen", der an den vergangenen Ostern geweihten Palmzweigen, die in der Pfanne verbrannt und rauchend durch das Haus getragen werden (siehe „Potenzen!). Palmzweige können aber auch über der Haustür befestigt werden. Die Haustür wurde auf jeden Fall gut verschlossen, das Vieh im Stall gelassen und nichts ausgeliehen, denn auch so könnte sich ein unheilbringender Dämon einschleichen. Der unheilbringende Abkömmling der Finsternis könnte auch im Wasser wohnen, weshalb dieses — auf das Einbringen konnte schlecht verzichtet werden — im Haus immer in einem abgedeckten Gefäß zu stehen hatte.

Und aus der Ursache, daß solches Verhalten sich ausschließlich auf die zwölf Tage und Nächte um Weihnachten, also um die Zeit des Beginnes des vorchristlichen Jahres beschränken läßt, ergibt sich die Berechtigung, die Rauhnächte gesondert zu betrachten. Wie aus dem Wetter dieser Zeit auf das Wetter der kommenden zwölf Monate geschlossen wird, ist im anhängenden Kalendarium ersichtlich.

Holzleben beobachtet und ausgenutzt

Holz
Mit geheimnisvoll wirkenden Kräften im Bund

Ein Gewährsmann berichtet von einem Erlebnis, das jedem widerfahren kann, der dann und wann auf Wanderungen im Wald einen Spazierstock vom Strauch schneidet. Der Gewährsmann behauptet, zweimal auf seinen Wegen je einen Stock abgeschnitten und mitgenommen zu haben, beide habe er nach der Wanderung zu Hause am Weinspalier festgebunden, damit sie dort trocknen und im trockenen Zustande so gerade seien wie Kerzen. Nach einigen Monaten habe er die Stöcke abgenommen und bemerkt, daß der eine kerzengerade, hart und also ideal war, während der andere infolge Insektenbefalls unbrauchbar geworden war. Beide Stöcke waren aber unter denselben Bedingungen getrocknet.

An der Verschiedenheit der Ergebnisse ist weder der Ort schuld, an denen die Stöcke verwahrt worden waren, noch die verschiedenen Fundstellen und auch nicht die unterschiedlichen Wurzeln, aus denen sie gewachsen waren.

An den Zuständen sind die Tage schuld, an denen die Stöcke geschnitten wurden. Genauer: Die Phase, die Tagesverfassung, in der sich die Pflanze befand, als sie ihres Stammes oder Zweiges beraubt wurde.

Wieder betrachten wir es als müßig zu untersuchen, ob die Gestirnskonstellation des Schnittages direkt wirkt oder ob bei der Pflanze Tagesverfassung und die Gestirnskonstellation nur gleichzeitig, einander ergänzend nebenher gehen. Wir wissen hingegen bereits, daß es unterschiedliche Wachstumszustände gibt. Das Jahr über durchlebt die Pflanze verschiedene Phasen, die bei der Ernte gleichsam im Holz erstarrt weiterbestehen, und die volkskundliche Erfahrung weiß, daß sich die Feinunterschiede aus dem Mondstand des Erntetages ableiten. Von den beiden angeführten Stöcken ist der brauchbare wahrscheinlich „bei altem Mond zwischen Johannes und Luzie" geschnitten worden, denn dann wird er „dauerhaft und läßt kein Ungeziefer aufkommen", und der unbrauchbare Stock eben zu einer anderen, für ein solches Vorhaben ungünstigen Zeit.

Möglicherweise ist derjenige, welcher über das Phänomen der unterschiedlichen Stockzustände verwundert ist, aber nicht auf Grund der Erfahrung mit abgeschnittenen Stöcken auf die Auswirkungen von verschiedenen Erntetagen aufmerksam geworden, sondern anläßlich der Demontage eines alten Hauses. Daß dessen Bauteile, abgesehen von einem Holzschwamm an einer dauerhaft feuchten Stelle vielleicht, in prachtvollem Zustande zu sein schienen, obwohl sie vor zwei- oder mehrhundert Jahren zusammengesetzt worden waren, mag er auf die damals üblichen Konservierungsmethoden zurückgeführt haben, als da Ochsenblut, Ochsengalle und Okkulteres gehandelt wurden. Beim Zerschneiden des Holzes wird ihm aber der Gedanke kommen, daß Konservierungsmittel möglicherweise die Haltbarkeit verlängern, nicht aber das Holz dermaßen härten, daß die Kreissäge zu singen anfängt und heiß wird. Und vollends überrascht wird die hier beobachtete Person sein, wenn sie bemerkt, daß sich das so gewonnene Kleinholz partout nicht verbrennen läßt.

All dies sind von jenen Vorfahren, welche das Bauholz geerntet haben, gewollte und absichtlich herbeigeführte Eigenschaften. Sie haben den Tag beachtet, an dem Holz geerntet werden muß, damit es nicht brennt, die größtmögliche Härte hat und Insekten nicht zum Brüten einlädt, und sie haben die Hölzer dort verwendet, wo die jeweilige Eigenschaft am notwendigsten gebraucht wird. So kommt es, daß lange Zeit später des Erben Ofen ausgeht, wenn er das kleingehackte Holz verbrennen will, und daß es auch dann, wenn es sehr klein aufgespaltet zusammen mit anderem Holz verheizt wird, nicht recht verbrennt, sondern verglost und zusammenfällt.

Dem historisch Bewanderten ist vielleicht bekannt, daß, bevor die moderne Bauweise breit angewandt wurde, im Alpenraum durchwegs hölzerne Rauchfänge gebaut wurden und nicht etwa die Steinkamine nach römischem Muster. Diese Sitte zieht sich bis in die Mitte des 19. Jahrhunderts herein, erst dann griff das aufkommende Versicherungswesen durch und verlangte, sollte der Versicherte in den Genuß der Leistung kommen wollen, die Aufführung eines gemauerten Kamins und die Dachbedeckung mit unbrennbaren Ziegeln. Bis dahin gab es, die befestigten und luxuriösen Wohnstätten ausgenommen, ausschließlich hölzerne Rauchfänge (z. B. melden die Statistiken, die als Vorarbeiten zum Franziszäischen Kataster von 1827 erarbeitet wurden, zu dieser Zeit in Kärnten und Klagenfurt nicht ein einziges Ziegeldach). Die hölzernen Rauchfänge waren eben aus jenem Material gefertigt, welches durch Ernte zu einer bestimmten Zeit dem Feuer widersteht.

Wir wollen ergänzen, daß sich die Forderung der Versicherungen nicht darauf bezog, daß der Schadensfall vielleicht doch eintreten könnte, sondern darauf, daß infolge Funkenflugs durch die hölzernen und in der Regel zu kurz gebauten Kamine anderes brennbares Material in Brand gesetzt wurde. Dies trat häufig in enggeschlossenen Siedlungen auf — kaum in Einzelhöfen — und in ihnen besonders oft in der Umgebung vorindustriell organisierter Handwerksbetriebe.

Ein Gewährsmann erzählte als Beitrag zu diesem Buch, daß er als Kind einen Fall von bäuerlicher Nachbarschaftshilfe in einer gebirgigen Gegend in Kärnten miterlebt habe. Eines Bauern Haus sei inmitten des Winters abgebrannt, und zwar zu einem nicht wieder errichtbaren Schutthaufen. Ohne großes Aufhebens hätte man den Geschädigten samt Familie und Vieh in den benachbarten Höfen untergebracht und im Wald das von einem Nachbarn zur Verfügung gestellte Bauholz markiert. Sodann wurde ein Tag festgesetzt, an dem man das Baumaterial einzubringen beschloß.

An dem bestimmten Tag versammelten sich die Helfer des Waldbesitzers und rüsteten sich am späten Nachmittag zum Aufbruch in den Wald. Der Besitzer forderte die Helfer jedoch auf, noch zu warten und reichte einen Schnaps, denn es wäre „die Zeit noch um zwei Stunden zu jung". In der Dämmerung brachen sie endlich auf und beeilten sich, innerhalb von drei Stunden nach dem ersten Axthieb alle markierten Bäume zu fällen.

So weit die geheimnisvoll anmutende Erzählung. Sie scheint in eine längst verwichene Zeit zurückzuweisen; dennoch ist das nicht der

Fall, denn der Gewährsmann lebt und die Erzählung kommt nicht etwa aus einer vergilbten Quelle. Das in ihr zu Tage tretende Wissen ist auch nach wie vor gültig, es wird nur nicht so sehr geschätzt, seit Rationalität die Baugewohnheiten beherrscht. Nicht mehr aus vergilbten Quellen hingegen scheint der Stoff dann zu sein, wenn das Wort „Industrie" ein Signal für die Moderne setzt (entnommen bei Hinterseer).

Das Stickstoffwerk Trostberg in Oberbayern betreibt eine Kiestrocknungsanlage, deren Heißluftabzugskanal um 1920 modernisiert wurde und dabei einen neuen, gemauerten Kamin bekam. Von da an häuften sich die Störfälle im Produktionsablauf, denn der Kamin wuchs innerhalb kürzester Zeit immer wieder zu. Da die in der Abluft enthaltenen Chemikalien sich im Kamin festlegten und dort chemische Verbindungen eingingen, bewältigte die verbleibende Öffnung den Abzug nicht mehr und bewirkte den Ausfall der Anlage. Nach Jahren wurde der Kamin abgetragen und auf Rat eines älteren, naturerfahrenen Mitarbeiters eine „weniger moderne" Anlage aus Holz installiert. Das benötigte Material war im Oktober/November-Neumond im Zeichen der Waage geschlagen worden und widerstand dem Feuer, obwohl unter der Anlage pausenlos geheizt wurde.

Es geht aus dem Bericht nicht hervor, wie lange diese Anlage betrieben wurde, wohl aber, daß sie während der gesamten weiteren Betriebszeit klaglos funktionierte und nie mehr zuwuchs.

Holzregeln
Johannes macht hart, Judas läßt faulen

Die Konsequenzen aus dem Phänomen des Nichtbrennens, Gutbrennens, Schwindens oder Sich-nicht-Veränderns von Holz, das solchen Eigenschaften zuliebe an bestimmten Tagen geschlagen werden muß, hat nicht etwa erst das materialistisch denkende 20. Jahrhundert wachgerüttelt, sondern sich bereits in frühen Reglementierungen niedergeschlagen. So gibt es eine bayrische Forstordnung aus dem 16. Jahrhundert, die festlegt, daß Werk- und Bauholz erst nach dem 23. Oktober im Zeichen des Skorpions und bei abnehmendem Mond geschlagen werden darf, und zwar bis Ende Februar, bis maximal drei oder vier Tage nach Neumond. Für den Fall der Nichtbeachtung dieser Anordnung wurde eine „gebührliche Straf" angedroht. Und damit Holzregeln nicht länger in einem Dickicht verborgen bleiben, sondern durchschaubar und begreifbar werden, seien sie hier im Detail betrachtet.

„Wenn der Tag ab- und der Mond zunimmt", und ähnliche Wendungen sind Formeln, die keineswegs so geheimnisvoll sind wie sie anmuten. Sie sind in der Moderne vielleicht nicht in jedermanns Munde, jedoch nicht unbegreifbar. Mit den vorangegangenen Betrachtungen über Naturjahre und Kalender ist bereits ein Verständnismuster gelegt, dem immer der Jahreslauf des Mondes zugrundeliegt: Zur Wintersonnenwende ist der kürzeste Tag, das ist seit weiland indogermanischen Zeiten das Mittwinterfest. Vom nächsten Tag an zählt ein neues Naturjahr. Von dieser Sonnenwende bis zur nächsten zieht der Mond genau dreizehn Mal als Neumond über das Land. Der Mond nimmt also dreizehn Mal zu und ebensooft ab, während in der gleichen Zeit der Tag länger wird und dann wieder kürzer. Der kürzeste Tag aber ist der Nabel des Jahreslaufes.

Die Sternzeichen zu erörtern würde den Rahmen dieser Arbeit sprengen, dies sei der astrologischen Fachliteratur vorbehalten. Es kann aber auch deshalb hier darauf verzichtet werden, weil sie in einem jeden besseren Kalender verzeichnet sind.

Die verwirrende Sammlung von Holzregeln läßt sich ebenso leicht schematisieren wie die Wetterregeln. Ohne die Hintergründe zur Gänze erhellen zu können, ermöglicht der volkskundliche Erfahrungsschatz an Holzregeln eine erste Schematisierung nach dem Mondstand.

Bei Vollmond gefälltes Holz trocknet schlecht, d. h. am langsamsten, denn es steht im Vollsaft und braucht deshalb lange, um auszuhauchen. Vollsaftiges Holz wird jedoch für verschiedene Vorhaben benötigt, wie für solche Bauwerke, welche im Wasser stehen. Der eigene saftige Zustand verhindert ein Eindringen des Wassers und das dadurch bewirkte Aufweichen des Holzes.

Bei abnehmendem Mond gefälltes Holz trocknet schnell, denn der Saftfluß aus dem Boden entwickelt sich rückläufig bis zu einem Minimum und gerät gegen Neumond hin ins Stocken.

Im Neumond gefälltes Holz ist dementsprechend „leer", der Saftfluß langt bei seinem Minimum an oder steht vollkommen still, und da zugleich der Saft veratmet wird, verbleibt das Holz in annähernd saftleerem Zustand.

Bei zunehmendem Mond gefälltes Holz trocknet schlecht und wird gerne von Insekten befallen. Der Saftfluß belebt sich nach Neumond wieder, er bringt mehr Mineralstoffe und damit Kraft aus dem Boden. Wird die Pflanze abgeschnitten, ist der Saft als stark schmeckende und kristallisierende Masse erkennbar. Die Insekten profitieren, wenn diese Masse in absterbendem Holz verbleibt.

Da für die meisten Verwendungszwecke eine natürliche Veränderung des Holzes nicht erwünscht ist, wird Holz in leerem Zustand geschlagen, also bei Neumond. Unter den dreizehn Neumonden garantiert jener um Weihnachten das beste Ergebnis, denn in jener frostigen Zeit befindet sich das Bodenleben im inaktivsten Zustande und kann daher den ohnehin schwach ziehenden Baum am wenigsten versorgen. Der Weihnachtsvollmond garantiert also die größte Leere des Baumes im Naturjahr (Achtung: Dies gilt nicht für jede Holzart!). Die daran anschließenden Tage sind jene Tage, an welchen das dichteste, „leerste" und also dauerhafteste Holz geerntet werden kann. Die Holzregeln setzen dies in Merksprüche um: „Wer das Holz um Christmett fällt, dessen Haus wohl zehnfach hält", und „Hack mi in der Laar (Leere), werd i rink (leicht) und nit schwar (schwer)".

Man beachte: die Wintersonnenwende, also die Mitternachtsstunde vom 21. auf den 22. 12., ist die Zeit des absoluten Stillstandes. Es ist zu der Zeit Null Uhr des Jahres, denn das alte Naturjahr hat aufgehört und das neue noch nicht angefangen. Eine jede Minute des neuen Naturjahres ist ein Schritt weiter zum Lichte hin — sowohl im Sinne des Lebens und Wachstums als auch im mythologischen.

Daß zu der Zeit das Holz im „leersten" Zustand ist, hat keine mythische Grundlage und die Zeit deshalb keinen Symbolwert, sondern ist Phänomen des natürlichen Wachstumsrhythmus. Vielmehr sind umgekehrt Symbole und Mythen auf dieser Beobachtung aufgebaut. Es kann der Moment, in dem alles stillsteht und unweigerlich eine Erneuerung bevorsteht, ja auch wahrhaftig als ein heiliger Moment angesehen werden.

Hier ist nach dem Mondstandsschema eine weitere Schemafindung möglich: eine solche nach dem Jahreslauf.

Im Winter gefälltes Holz schwindet nicht, sofern es in gefrorenem Zustand gefällt wird, und es schwindet so gut wie nicht, auch wenn es nicht gefroren ist. Es hat im Winter die größte Faserdichte. Wird das Holz in diesem Zustand zugerichtet und verwendet, arbeitet es von sich aus nicht mehr weiter. Auch bei der Trocknung tritt kein Schwund auf — naß verarbeitetes Holz schwindet pro Jahr und Seite um einen Zentimeter —, weshalb solches Holz dort von Vorteil ist, wo größtmögliche Dichte gebraucht wird. Eine Tenne z. B. braucht einen dichten Boden, damit die Körner nicht in den Stallmist oder in den Keller fallen, wo sie nicht gebraucht werden und ihre Kraft ungenutzt verdirbt; oder die Böttcherei braucht dichtes Material, weil aus dem Schaff andernfalls eine Gießkanne wird.

Im Dezember erreicht der Wasserstand in der Fichte und in der Eiche ein Mindestmaß, das Höchstmaß aber im Juli. Dem geplanten Verwendungszweck gemäß sind diese Hölzer also im Dezember zu ernten. Das Schlagen an Sylvester garantiert zudem, daß das Holz kaum schwindet. Zwischen Johannes (26. 12.) und Luzie gefälltes Holz verspricht sehr dauerhaft zu sein und Würmern kein Obdach zu bieten.

Im Dezember haben Buchen und Kiefer ihren Höchstgehalt an Saft, ganz im Gegensatz zu den meisten anderen Hölzern, die dann leer sind! Der Saftstand dieser Bäume geht erst mit der Knospenentfaltung auf ein Mindestmaß zurück. Der Tiefstand wird gegen Ende Juni erreicht, am markanten Datum der Sommersonnenwende am 22. 6. Das Fällen von Buche und Kiefer empfiehlt sich daher im Mai und bis zum 22. 6., sofern sie leer gebraucht werden.

Grundsätzlich dürfte *nach dem 22. 1.* kein Holz mehr geschlagen werden, das als Werkstoff Verwendung finden soll, denn „An Fabian und Sebastian fängt der Saft zu fließen an". Zu diesem Datum ist der erste Neumond nach der Wintersonnenwende; wenn danach der Baum zu ziehen anfängt, bekommt er aus dem mittlerweile sich reaktivierenden Bodenleben wieder Lebenssaft.

Im Mai sind Harz- und Saftfluß am stärksten, weshalb Hölzer, die ihrem Verwendungszweck am besten in trockenem Zustande entgegenkommen, dann nicht gefällt werden sollen. Zudem begünstigt der in dieser Zeit starke Bast den Holzwurmbefall. Hartholz soll ebenfalls noch *vor Mai* eingeschnitten, d. h. in Form von Brettern verarbeitet sein.

Im Juli stehen Fichte und Eiche voll im Saft. Sie taugen daher in dieser Zeit nicht für die ihnen zugedachten Verwendungen und sollten erst im Winter, wenn sie trocken sind, gefällt werden.

Die Empfehlungen für Tage, an denen Holz geschlagen werden soll, korrespondieren mit den Schwendtagen, denn schließlich soll durch Holzfällen der Wald doch nicht gerodet werden. Ein Beispiel für diesen Sachverhalt ist die Empfehlung, bei zunehmendem Mond im Zeichen des Steinbocks nicht zu schlagen, denn diese Zeit ist Schwendzeit.

Die folgenden Regeln schließen den Jahreslauf wieder; da sie aber auf bewegliche Tage fallen und sich also in einem jeden Jahr verschieben, können sie in dem „allgemeinen Kalender", den dieses Buch unter anderem bietet, nicht genauer fixiert werden.

Im zunehmenden Mond im Zeichen der Fische geschlagenes Holz zerkliebt nicht (springt, reißt beim Trocknen nicht), dörrt nicht zusammen und wird nicht kleiner.

Im kleinsten Mond, das ist der Weihnachtsmond, in gutem Zeichen geschlagenes Holz zerkliebt nicht, dörrt nicht, wird nicht von Insekten befallen und nicht kleiner, auch wenn es in grünem Zustand (frisch geschnitten, naß) verarbeitet wird. Schließlich sei noch angeführt, daß Holz, das geschlagen wird, wenn der Mond drei Tage zugenommen hat, nicht wurmt.

Aus dem Jahreslauf ergeben sich weitere Empfehlungen für Holzernten und Schwendungen. Sie sind im einzelnen jedoch nicht in den Schemata aufgeführt, sondern im anhängenden Kalendarium verzeichnet.

Eine dritte Schematisierung der Holzregeln läßt sich mit dem geplanten Verwendungszweck finden:

Unbrennbares Holz oder zumindest solches, das dem Feuer widerstehen soll, ernte man am besten im Neumond von Oktober/November, und das im Zeichen der Waage. Dies ist das Holz, das in der vorindustriellen Bauweise als Kaminbaumaterial Verwendung fand. Auch am 1. März geschlagenes Holz (dann nimmt der Mond zu) trotzt den Flammen.

Brennbares Holz, womit das Maximum der Hitzeausbeute erzielt wird, fälle man bei abnehmendem Mond, lasse es hangabwärts liegen und hacke die Äste auf den Wipfel ab. Dieser zieht nämlich noch zusätzlich den Saft aus. Nach dem Sägen und Spalten richte man es bei abnehmendem Mond unter Dach auf. So trocknet es am schnellsten.

Schreinerholz gewinne man am besten im Winter, und zwar sobald der Mond untergegangen ist. Dann schrickt (reißt) das Holz beim Trocknen nicht. Wird es in den Zeichen der Jungfrau oder des Löwen geschlagen, trocknet es leicht und wird weiß. Soll das Holz von *besonderer Dauerhaftigkeit* sein, schlage man es von Mitte November bis 22. 12., also bis zur Tagwende. Danach sollte es, damit es dieselbe Eigenschaft erreicht, nur mehr bei abnehmendem Mond gefällt werden. Dabei sind die Tagestierkreiszeichen zu beachten: Krebs und Schütze empfehlen sich nicht, weil in diesen Zeichen geschlagenes Holz nicht ruhig bleibt. Skorpion steht für Borkenkäferbefall, und im Zeichen der Fische geschlagenes Holz dunkelt blauschwarz nach. Hartholz soll bei Neumond im Zeichen des Skorpions geschlagen werden, damit es dauerhaft zu sein verspricht.

Wird *leichtes und doch dauerhaftes Holz* gebraucht, wie es für Heubäume (Wiesbäume) benutzt wird und für Leitern, sei es zu beachten, es am Clemenstag (23. 11.) zu schlagen. Ideal ist, wenn dieser Tag im Zeichen des Löwen oder Skorpions steht, und wenn das nicht zutrifft, sollte das Holz wenigstens vor dem kürzesten Tag gefällt werden.

Holz für den Brückenbau schlage man im Neumond im Zeichen des Krebses, *Holz, das schwer bleiben soll,* soll im Zeichen des Stieres geschlagen werden, wenn der Mond noch drei Tage zuzunehmen hat. Wenn Holz *leicht bleiben* soll, soll es im August geschlagen werden, wenn der Mond noch drei Tage zuzunehmen hat sowie in der Fronleichnamsoktav.

Nach diesen Versuchen, die Holzregeln schematisch zu erfassen (man ziehe das Kalendarium zum Studium mit heran, denn nicht alle dort erfaßten Regeln sind hier auch erörtert), läßt sich zusammenfassend eine allen Holzregeln zugrundeliegende Grundregel formulieren:

Pflanzen unterliegen während des Jahreslaufes einem Wachstumsrhythmus, der ihrer Eigenart und ihren Lebensbedingungen nach sommer- oder winterausgerichtet ist und demzufolge Höhe- und Tiefpunkte im Wachstum aufweist, oder anders: Kraft- und Schwächezeiten. Fallen diese Zeiten mit den Erntezeiten zusammen, können die Rhythmuszyklen zur Gewinnung von Materialeigenschaften ausgenutzt werden, die jenen Verwendungszwecken dienlich sind, welche dem Material vom Menschen zugedacht werden.

Verwendungsregeln
Nach dem Sinn und wider den Sinn

Es ist eine durch nichts bewiesene Behauptung, daß heutzutage angefertigte Möbelstücke nicht eine ähnlich lange Lebensdauer erreichen können wie solche, die im Barock oder im Biedermeier hergestellt wurden. Tatsache ist lediglich, daß heute qualitativ anderes Material verwendet wird. Bei Beachtung der im vorigen Kapitel angeführten Holzregeln — und selbstverständlich bei entsprechender Arbeitsweise — ist durchaus eine vergleichbare Qualität zu erreichen.

Um dem Bedürfnis nach weiterer Information entgegenzukommen, seien im folgenden noch einige allgemeine Holzregeln aufgezählt. Sie geben in Hinsicht auf Verwendung, Einsatz und Gewinnung des Materials weitere Hinweise.

Helles Holz zu handwerklicher Verwendungen wird durch stehende Lagerung unter Dach, begonnen bei abnehmendem Mond und mit dem kleineren Ende nach unten ausgerichtet, erreicht. Von solcher Behandlung hat Ahorn den größten Gewinn.

Schäfflerholz soll nicht schwinden, weshalb es im Zeichen des Krebses zu schlagen ist, und zwar zu einer Zeit, wenn der Tag ab- und der Mond zunimmt.

Wagnerholz fälle man im Dezember bei zunehmendem Mond im Zeichen des Steinbocks. Es wird dann hart, fault kaum und bietet dem Wurm keine Behausung. Wenn Holz für die Wagnerei im Oktober im abnehmenden Steinbock geschlagen wird, schwindet es nicht.

Die Wagnerei ist ohne Buche nicht vorstellbar. Hervorragend geeignet ist diese für *Werkzeugstiele,* denn ihr Holz fasert nicht und gleitet gut in der Hand. Zu solchem Ziele nehme man sie vom untersten Stammende, am besten aus der Winterfällung.

Den Zwecken der *Schreinerei* kommt ebenfalls gleitendes Holz entgegen, zuvorderst Weiß- und Rotbuche. An Sitzmöbel, Schubladen (-sohlen), Hobel und Stemmeisengriffe werden dieselben Anforderungen gestellt. Das trifft auch für Dübel zu. Zu ihrer Anfertigung nehme man jedoch keinesfalls Ahorn, denn der wird vom Wurm bevorzugt, sondern die Lärche. Ahorn nehme man aus demselben Grund auch nicht für Säulen.

Für andere handwerkliche Arbeiten empfehlen sich: die Esche für Jochhölzer, z. B. für Rechen — dessen Zähne sollten jedoch aus der Berberitzenstaude hergestellt werden und der Stiel aus Linde. Letztere ist leicht, fasert nicht und gleitet in der Hand auch gut, ähnelt in der Eigenschaft also der Buche. Das Holz des Mehlbeerbaumes ist fett, eignet sich also bestens für Führungshölzer, die z. B. bei Sägegattern benötigt werden. Es eignet sich aber auch für hölzerne Zahn- und Antriebsräder. Wegen seiner Feinfaserigkeit bevorzugt es auch der Drechsler.

Gerade laufenden Wuchs findet man mit der größten Wahrscheinlichkeit an schattigen, windstillen Plätzen.

Drehwüchsiges Holz ist nicht weniger gefragt: gewisse Erzeugnisse verlangen geradezu nach gedrehtem Faserwuchs. Drehwuchs ist vom Lauf der Sonne verursacht, weil sich der Baum mit der Sonne dreht, um deren Einstrahlung nutzen zu können. Dieser Vorgang ist bei jedermanns Zimmer- und Balkonpflanzen nachweisbar.

Drehwüchsiges Holz wird unterschieden in „nachsinniges" und „widersinniges" Holz. Nachsinnig meint eine Linksdrehung nach oben, widersinnig eine Rechtsdrehung. Die Erklärung für diese Begriffe findet sich in einer bayrischen Holzknechtregel, die eigentlich eine Eselsbrücke ist: Spreizt man die Finger der rechten Hand und legt man den Daumen an die Stirn, so daß der kleine Finger vom Kopf weg zeigt, zeigt der Daumen zum Kopf, also „nach dem Sinn", und der kleine Finger „wider den Sinn". Legt man jetzt dieselbe Hand an den Stamm eines Baumes und die Fasern laufen parallel zum Daumen, ist der Baum nachsinnig gewachsen, und laufen sie dem Daumen entgegen, ist das Holz widersinnig gewachsen.

Der Fachmann weiß, daß widersinniges Holz nach der Verarbeitung ruhig ist, während nachsinniges noch arbeitet. Er erkennt an einem Baum dessen Wuchs, selbst wenn die Rinde noch am Stamm ist, denn auch an den Ästen ist die Drehung erkennbar. Will er sichergehen, hackt er ein Stück Rinde aus dem Stamm. In Gegenden, in denen Schaffler- und Schindelerzeugungsbetriebe ansässig sind, trifft man öfter auf solch angehackte Bäume.

Ein Beispiel für die bewußt eingesetzte nachträgliche Drehung von drehwüchsigem Holz gibt der Kirchturmdachstuhlbau: die manchmal verblüffende Drehung von schlanken gotischen oder auch dicken romanischen Kirchentürmen wurde dadurch erreicht, daß man für die Helmsäule stark nachsinniges Holz verwendete. Es wurde bei zunehmendem Mond in ungünstigem Zeichen gefällt und sogleich behauen und eingebaut. Während der Verarbeitung und bis zur Dacheindeckung durfte keine Sonne auf das Werkstück gefallen sein, damit es nicht trockne. Der Schwund und die erhoffte Drehung sind bei der Verzapfung zu berücksichtigen.

Ist der Turm montiert und fertig, beginnt die Helmsäule zu trocknen und sich dabei zu drehen. Ist sie trocken, hat der Turm nicht selten eine Spirale von 180 Grad um seine Längsachse gedreht — und ist dabei im besten Falle kerzengerade geblieben.

Der Blitz, sagt man, schlage nur in solche Bäume, welche nachsinnig gewachsen sind. Die hier verwendeten Quellen liefern keinen schlüssigen Grund für das Phänomen, die Beobachtung bestätigt es aber.

Als Grundregel für die Verwendung von Holz gilt, daß nur ausgewachsenes, also gereiftes Holz als Werkstoff verwendet werde. Halbausgewachsenes Holz besteht bei klimatischen Veränderungen nicht und ist daher z. B. für den Bau vollkommen ungeeignet (eine Lärche ist erst reif, wenn ihr verwertbares Holz 3 fm ausmacht). In der Sonne gewachsenes Holz ist als Bauholz besser geeignet als schattseitig gewachsenes. Bauholz lasse man nach dem Fällen hangabwärts liegen und belasse die Äste einige Zeit am Stamm, damit der Saft ausgezogen wird. Erst im ausgehauchtem Zustand wird es entastet und entrindet und dann grob behauen; so trocknet es am schnellsten. Es soll luftig geschlichtet mindestens ein Jahr lagern. Nach zwei bis drei Jahren ist es jedoch erst ausgedreht. Der Bast soll ebenfalls entfernt werden, damit der Holzwurm fernbleibt.

Daß das Holz im Sägewerk mit dem unteren Stammende voraus in die Säge fährt und also vom dicken zum dünneren Ende geschnitten wird, kommt nicht von ungefähr. Würde es verkehrt in das Gatter fahren, würden die Sägeblätter „abschiften", d. h. von der sich verbreiternden Maserung nach außen abgedrängt werden und folglich keinen geraden Schnitt fertigbringen. — Sägeblätter sollten tunlichst des öfteren geschärft werden, denn stumpfe fransen den Schnitt aus; je stumpfer die Säge, desto länger der „Bart".

Wie oben angemerkt, ist widersinniges Holz nach der Verarbeitung ruhig, was man im Hausbau und in der Dachkonstruktion besonders schätzt, weil nachsinniges noch arbeitet und so die Konstruktion hebt und verändert.

Für Schäfflerarbeiten und Dachschindeln eignet sich geradwüchsiges Holz besser. Schindelholz darf leicht nachsinnig sein, da solches Holz sich bei der häufigen Nässe, der die Schindel ausgesetzt ist und die sie abhalten soll, streckt, wodurch sie eine größere Fläche bedeckt und eventuell vorhandene Fugen abdeckt. Bei Trockenheit krümmt sie sich, wodurch Luft in das Dach eindringen und eine Zirkulation zustandebringen kann.

Für Dachrinnen nehme man leicht widersinniges Holz. Dieses verändert seine Drehung von sich aus so gut wie nicht, keinesfalls aber in Abhängigkeit vom Klima. Würde sich die Dachrinne nämlich drehen, würde sie sich „ausschütten" und somit nutzlos sein.

Bretter werden mit der Kernseite nach oben geschlichtet, auch in gehobeltem Zustand, damit sie sich nicht werfen. Damit sie gut trocknen, dabei aber nicht reißen, geschieht dies am besten an einem Ort, der luftig ist, aber nicht direkt von der Sonne bestrahlt wird. Selbstverständlich werden Bretter während der Lagerung abgedeckt. Während des Trocknens schwindet das Brett pro Jahr und Seite um zirka einen Zentimeter, das ist jedoch je nach Art der Lagerung unterschiedlich.

Natürlich luftgetrocknetes Holz ist maschinell getrocknetem unbedingt vorzuziehen, da das erstere besser zu verarbeiten, dauerhafter und schöner ist. In der Tischlerwerkstätte läßt sich dies vergleichen: in der Anlage getrocknetes Holz hobelt sich fad, es ergibt eine stumpfe Fläche, während der Hobel über natürlich getrocknetem Holz pfeift und einen langen Span von einer glänzenden Fläche abhebt.

Für Schnitzholz ist grundsätzlich nur natürlich-luftgetrocknetes Holz geeignet. Richtholz, das klein bleibt, soll im Neumond im Zeichen des Skorpions oder Krebses geschlagen werden.

Für schwere Böden nehme man Holz, das in gefrorenem Zustand geerntet wurde. Es schwindet nicht und gibt daher einen dichten Boden. Zimmerböden verlege man bei trockenem Wetter, wenn das Brett seine Minimalbreite hat. Es kann sich nach der Verlegung bei größerer Luftfeuchtigkeit nicht mehr ausbreiten; feucht verlegtes Holz hingegen schwindet und hinterläßt Fugen.

Saturn und Wald
Der Wald ist aufgestülpte Erde

Das zentrale Europa, insbesondere der Alpenraum in ihm, lebt in der Vorstellung, daß es ein bewaldetes Gebiet sei. Es sitzt dabei jedoch Volksschulbildern auf, denn tatsächlich hat der heutige Waldbestand mit jenem von vor dreihundert Jahren wenig gemeinsam. Die Industrialisierung des 18. und 19. Jahrhunderts hat mit vollen Händen in jene Bestände der Natur gegriffen, welche heute üblicherweise als „Ressourcen" bezeichnet werden, sie hat ganze Gebirgszüge kahlgeschlagen zugunsten der Köhlereibetriebe, die Energie für die neuen Maschinen erzeugten, sie hat den Bestand an solchem Holz, das für Eisenbahnschwellen taugte, so gut wie ausgerottet, und die durch die neuen Lebensumstände ausgelöste Bevölkerungsexplosion hat für Baumaterial und Brennholz zusätzlich ihren Tribut aus den Wäldern verlangt. Nicht nur Almen, die heute noch grasbewachsenen ehemaligen Waldböden, sind entstanden, nicht nur ehemals mit Mischwald bestandene Gebirgstäler wurden abgeholzt und gerodet, es ist auch die Waldgrenze — je nachdem, wie nahe sie neuen Industrie„zentren" lag — ganz allgemein um mehrere hundert Meter gesunken. Das heißt, daß einst die Bäume bis etliche hundert Meter höher standen und heute kahle Gipfel und Kuppen von Nadel- und Laubholz bedeckt waren.

Nur selten wurde wieder zu altem Bestand aufgeforstet. Forstwirtschaft im modernen Sinne war nicht bekannt, und der Wind, der

Samen und Erde abtrug und Wurzelwerk verdorren ließ, war schneller als die jährlich aufs neue ihr Glück versuchende Saat.

Bereits zu jener Zeit aber, in welcher die Volksheere der Franzosen Europa überschwemmten, Monarchen in der Flucht ihr Heil suchten und die feudale Welt in ihren Grundfesten erschüttert wurde, weil ein erste Mal ein Gedanke namens „Republik" durch die Köpfe geisterte, gab es Kritik am Raubbau an den europäischen Wäldern. Das hat zwar nicht in den Franzosenheeren seinen Grund, wohl aber in dem Umstand, daß etwa zugleich mit ihnen, die während der Wende vom 18. zum 19. Jahrhundert Europa wie gesagt überschwemmten, das rationale, das aufgeklärte und nüchtern denkende 18. Jahrhundert überwunden war und die Romantik um sich griff, eine Rückkehr zu Dingen des Gemütes, des Körpers und der Natur. Die Reiseschriftsteller der ersten Jahre des 19. Jahrhunderts geben dafür hinreichend Zeugnis ab: Sie beklagen der Verlust von ehemaligen Waldgebieten, deren Stümpfe zu dieser Zeit schon verrotteten.

Wenn von Waldbesitzern aber neu gepflanzt wurde, geschah dies nicht etwa zur Wiederherstellung des vorigen Zustandes. Nicht Laub- und Mischwald waren gefragt, sondern Nadelwald. Nadelholz verspricht ungleich schnelleren Wuchs, und es war zudem für die neu aufkommenden Arten seiner Verwendung von größerem Vorteil.

Dieses Nutzdenken hat mittlerweile seinen Höhepunkt erreicht. Aus der Forst- ist in weiten Bereichen eine Monokultur geworden, aus den Wäldern werden mittels Gift Insekten und das sogenannte Unkraut herausgezwungen, auf daß der Baum schnell wachsen könne, im

Wachstum seiner Verwertung möglichst entgegenkomme und in seinem anfälligen Zustand nicht von Schädlingen heimgesucht werde.

Eine einseitige Auslastung des Bodens, eine der ursprünglichen Fauna des zentralen Europa entgegenstehende Waldkultur ist jedoch, wie mittlerweile als bewiesen angesehen werden kann, in ihrem Bestand sehr gefährdet.

Und der Begriff „Waldsterben" ist keine Wortschöpfung der 80er Jahre dieses Jahrhunderts, sondern in seinem Sinne verhältnismäßig alt. Der Begriff wurde ein erstes Mal 1860 gebraucht, als in Schlesien das Verderben riesiger Tannenbestände beobachtet wurde. 1890 starben dann Tannenbestände etwa 150 Kilometer weiter westlich ab, dann trat dieselbe Erscheinung 1920 in Sachsen und im Vogtland wieder auf. 1950 fing die Katastrophe über das Riesen- und Erzgebirge hereinzubrechen an; heute ist der Waldbestand in diesen Gebieten weitgehend abgestorben. Aber nicht allein Holz will dort nicht mehr wachsen, es gedeihen auch Getreide, Kartoffel und Gemüse nicht mehr — ein Land ist auf dem Weg zur Wüste.

Als 1975 im Bayrischen Wald das Waldsterben einzusetzen begann und diese Veränderung um 1980 in ganz Europa beobachtet werden konnte, war dies keine Angelegenheit regionaler Betroffenheit mehr. Nebenbei aber war offenkundig geworden, daß diese Naturkatastrophe in dreißigjährigem Rhythmus über die Wälder herzufallen droht.

Und noch ein zweites Mal taucht dieser 30-Jahre-Rhythmus auf: In den Berichten von Forstforschern ist nachzulesen, daß der Tod von ausgerechnet 120 Jahre alten Tannen zu beobachten war, von 90jährigen Fichten und von Kiefern, die eben 60 Jahre alt gewesen waren.

Von da bis zu einem vermuteten Saturneinfluß ist nicht mehr weit. Die Astronomen wußten um die 30jährige Umlaufzeit dieses Planeten, der bekanntlich in einem —180° kalten Eiszustand verharrt und einen Ring um sich dreht, und die Forstforscher wiederum begannen auf einen Einfluß dieses kalten Planeten auf die irdischen Wälder zu schließen.

Durch die voneinander abweichenden Bahnen der Wandelsterne entstehen, wird das Geschehen von der Erde aus beobachtet, verschiedene Ekliptiken, die einander kreuzen, überschneiden und zeitenweise zur Erde hin abdecken. Der Saturn bewegt sich in seiner Bahn, wieder von der Erde aus erlebt, eher behäbig, dreht seine zwölf Monde um sich und wendet vom Ring einmal die Ober- und dann wieder die Unterseite der Erde zu; so behäbig nämlich, daß sich jede seiner Stellungen über Monate hinzieht. So auch jene Stellung, in welcher der Saturnring „kippt", in der er gerade seine Schmalseite der Erde zudreht und von dieser aus, wenn überhaupt, nur als schmaler Streifen zu sehen ist. Und diese Zeit ist nach der Erfahrung der astronomisch beschlagenen Forstforscher die Zeit der Wachstumsstörungen, zu dieser Zeit soll also das Verhältnis zwischen Erde und Saturn getrübt oder gar blockiert sein.

Nun tritt, wie leicht nachprüfbar ist, diese kritische Saturnstellung alle dreißig Jahre ein, und zwar war das um die Jahreswende 1980/81 der Fall, 1950/51 und zurück bis 1860/61 (und natürlich weiter, jedoch sind da keine einschlägigen Dokumente über Waldsterben vorhanden), just zu den Zeiten also, als in großen europäischen Landstrichen die Wälder zu sterben begannen.

Der Gewährsmann, der berichtet, daß in 30jährigen Intervallen die Wälder zu sterben begannen, wie eben angeführt, ist Kurt Willmann, ein Fachmann in Forstfragen, der um 1950 damals 130jährige Aufzeichnungen über Vorkommnisse in einem großen hessischen Forstrevier einzusehen und auszuwerten die Gelegenheit hatte. Die Auswertung ergab, daß Flächen, die zu „günstigen" Planetenzeiten gepflanzt worden waren — die Planetenzeiten sind ja rückwärts in der Geschichte rekonstruierbar —, gesund und gut im Holz standen, als Willmann sie inspizierte, während Pflanzungen aus Zeiten der Rhythmusstörungen längst vom Borkenkäfer oder anderen Schädlingen zerstört worden waren.

Die Konstellationsforscher berichten, daß Pflanzen, die zu solchen „Knotenzeiten" gesät oder gepflanzt werden, Wachstumsstörungen aufweisen, die dann über die Samen auch noch in den Folgegenerationen wirken. Das beschränke sich nicht nur auf Waldpflanzen, sondern es seien erfahrungsgemäß auch Gartenpflanzen von dieser Gesetzmäßigkeit abhängig.

Die Untersuchung solcher Schäden ergab, daß Nadelholz nicht die Vielzahl der Nadeljahrgänge hat und deshalb nicht den erwünschten Holzzuwachs. Oder es tritt eine gewisse Art von „Spastischem Zustand" (Thun) auf: Sind die Kapillare im Augenblick der Rhythmusstörung offen, so bleiben sie es und der Baum veratmet in kurzer Zeit seinen ganzen Lebenssaft. In der Folge tritt eine Verzuckerung auf, was wiederum den Befall durch Läuse und andere Insekten nach sich zieht. Wird in diesem Falle der Schädling bekämpft, so hat man damit verständlicherweise lediglich ein Symptom bekämpft, ohne auf die Ursache eingegangen zu sein.

Sind die Kapillare, wenn die Rhythmusstörung eintritt, hingegen geschlossen, so bleiben sie es auch und der Baum erstickt in kurzer Zeit im eigenen Saft, denn er kann ihn nicht veratmen. Wird so ein Baum abgeschnitten, ist zu beobachten, daß der untere Stammteil mit Saft gefüllt ist. Für gewöhnlich treten Pilze auf, die dem Stamm Saft absaugen und auf diese Weise mitleben; sie zu bekämpfen wäre ebenso vergebens wie im anderen Fall die Bekämpfung der Insekten. Das Übel wird damit nicht beseitigt, der Baum stirbt ab.

Solche Erscheinungen, dem Fachmann sind sie in der Zwischenzeit geläufig, sind in den erwähnten Aufzeichnungen aus dem hessischen Raum ein erstes Mal beschrieben. Insofern hat sich das Schadensbild seit 1860 nicht verändert. Auch in anderer Hinsicht gibt es Parallelen zu den Vorkommnissen in jener als „Gründerzeit" bezeichneten Ära: Die oben angeführten Industriezentren haben nicht nur Holz aus den Wäldern gefressen, sie haben auch Schadstoffe in die Umwelt hinein abgegeben. Wie heute.

Daß dies heute in ungleich größerem Ausmaß passiert als in den Jahren um die Mitte des vorigen Jahrhunderts, ist eine der Facetten der industriellen Entwicklung. Es gibt heute natürlich mehr Anlagen und Apparate, die Schadstoffe ausstoßen, und es gibt auf der Palette der Schadstoffe daher auch mehrere neue Arten.

In Land- und Forstwirtschaft wird Chemie in übertriebenem Maß eingesetzt, Kraftwerke, Haushalte, Kraftfahrzeuge und Industrieanlagen scheiden täglich Gifte aus; im Grunde hat eine jede menschliche Arbeitsersparnis für die Natur einen Widerhaken. Anderen Bereichen wie Strahlungen aus Elektro-Überlandleitungen, von Radio und Radar schädlichen Einfluß auf Flora und Fauna nachzusagen wäre zwar nicht neu, doch ist es durch wissenschaftliche Forschung nicht abgestützt und deshalb nicht Aufgabe dieses Buches, solches zu behaupten. Sicher aber haben in der 250jährigen Geschichte der europäischen Industrialisierung Bio-Symbiosen und Mikroorganismen gelitten, sicher ist mit den Giftstoffen, die zwar nicht unnatürlich sind, die aber in der Konzentration und Häufigkeit, mit der sie gehandhabt werden, schädigende Folgen haben, ein Eingriff in die Haut der Urmutter Erde unternommen worden, der auch das Leben des Chirurgen, des Menschen nämlich, gefährden kann.

Die Natur kennt indes keinen Lohn und keine Strafe. Sie kennt nur Konsequenzen.

Zur Rhythmusstörung der Jahreswende 1980/81, wenn der „Informationsfluß" zwischen Saturn und Erde ohnehin unterbrochen ist, kommt also erschwerend hinzu, daß der Schadstoffausstoß Ausmaße angenommen hat, die die Natur in unserem Lebensraum nicht mehr zu verarbeiten in der Lage ist. Noch keine Waldsterbe-Welle hat bei ihrem Auftreten so viel Umweltvergiftung vorgefunden wie jene von 1980/81, so daß in diesem Jahr die eine Katastrophe die andere begünstigt.

Was aber sind Bäume eigentlich? Gemeint ist nicht die Frage nach Bestimmung der Art, gemeint ist nicht Naturgeschichtliches oder Biologisches. Es darf in unseren Jahren davon ausgegangen werden, daß sich die Auffassung, alles Sichtbare auf dieser Welt sei *lebendes Wesen* und der Mensch eines unter ihnen, recht verbreitet hat und sich Anerkennung verschafft hat. Nach Rudolf Steiner sind Bäume „aufgestülpte Erde". Er erklärt, belebte Flüssigkeiten würden in der Erde kreisen, das „Element Erde". Saft steigt in den Bäumen nach oben, lagert mitgeführte Mineralien im Holz ab und gelangt als „Element Wasser" in die Blätter. Dort begegnet es den Kräften, die der Luft und dem Licht innewohnen. Damit hat der Saft nicht etwa seine Aufgabe erfüllt und kann „verschwinden", sondern er wird vielmehr durch die Begegnung neu belebt und ergibt durch Assimilation das „Element Luft-Licht". Hierauf würden sich die kosmischen Kräfte auswirken, exakt dort würde die Kraft des Saturn einsetzen, wenn er in günstiger Konstellation ist oder auch ungünstig, wenn durch den flachstehenden Ring der Rhythmus gestört ist. Nach Steiner ergibt die positive Auswirkung das „Element Wärme", das der kosmische Teil des Nährbodens für neues Wachstum ist.

Nach Mondstand pflanzen und mauern

Sternbilder und Garten
Die Jungfrau neigt zur Kälte

Es scheint, als ob die unverrückbar feststehenden Dinge die Vorstellungskraft mehr entzünden denn die beweglichen: Die am Mond, unserem Trabanten, und den Wandelsternen sich anregende Phantasie hat ihren unübersehbaren Anteil an der Summe der bisher vom Menschen geleisteten Denkarbeit. Um die Fixsterne rankt sich aber eine noch größere Zahl von Mythen, unzählige Vorstellungen wurden in sie hineingedacht und eine unüberschaubare große Phantastik. Irgendwo im Weltraum sind sie postiert, von ihrer Größe und der Entfernung bis zu ihnen und derjenigen zwischen ihnen hatten die Menschen nicht annähernd eine Vorstellung, als sie damit begannen, zwischen den Fixsternen Linien zu denken und so bestimmte Bilder zu erkennen. Allein der Umstand, daß sich dem Beschauer in regelmäßiger Abfolge wiederkehrend dasselbe Bild im ungeheuren Firmament zeigte, beflügelte das Denken der hinter ihren primitiven Hilfsmitteln sitzenden Menschen auf der Erde. So hingerissen waren sie von diesem allnächtlichen Schauspiel, daß sie erst viele Menschenalter nach einer ersten hypothetischen Vermessung des Weltraumes auf die Idee kamen, daß die Erde, auf der sie standen, selbst ein solcher Planet sein könnte, und nicht eine wasserumgebene Scheibe.

Alte Kulturen haben in Fragen der Astronomie sehr viel mehr geleistet, als es sich unsere Zeit landläufig vorstellt. Indogermanische Nomadenstämme und alte Seefahrervölker haben bereits die Sterne unterschieden, hatten Namen für sie, besaßen eine Vorstellung von ihrer Bahn und den Konstellationen und wußten ihre Umlaufzeiten.

Heutzutage kann man ein Fahrzeug auf dem Trabanten landen lassen und Satelliten in erdferne Bahnen bringen; es ist den Menschen also gewissen Sternen nahezukommen gelungen.

Daß aber der Mond, wie wir wissen, in 29 Tagen, 12 Stunden, 44 Minuten und drei Sekunden einmal um die Erde läuft, der Jupiter zwölf Jahre für einen Umlauf und der Saturn dreißig Jahre für einen solchen benötigt, und daß 84 Jahre hingehen, bis der Uranus einmal um die Sonne gekommen ist, haben auch die Alten gewußt. Und dies bereits in solchen Zeiten, in denen „die Leute alle noch dumpf waren", wie frühneuzeitliche Autoren gern schrieben.

Bis sich der Uranus also von einem Punkt im All weg- und wieder bis zum selben Punkt hingewälzt hat, vergehen 84 Jahre. Das sind mehr, als ein Mensch durchschnittlich erlebt. Die 30 Jahre des Saturnumlaufes sind auch noch eine lange Zeit, und doch ist es Menschen gelungen, im Laufe von Generationen einen Zusammenhang zwischen Saturnstellung und gewissen Erscheinungen im irdischen Pflanzenleben festzustellen. Es ist, wie bereits erörtert, das alle 30 Jahre wiederkehrende Waldsterben.

Beeinträchtigungen des Pflanzenwachstums sind auch bei Erscheinen von Merkur, Venus oder Mars feststellbar. Kreuzen diese Planeten die Ekliptik, d. h. durchfahren sie zwischen Erde und Fixsternhimmel das All, sind bestimmte zu der Zeit gesäte Garten- und Feldfrüchte von anderer Qualität oder faulen schneller als gewöhnlich. Die Literatur der Gartenfreunde weiß zu berichten, daß Früchte nichts taugen, wenn die aufgezählten oder andere wichtige Planeten bedeckt, also von der Erde aus unsichtbar sind. Wenn auch die Auswirkung im Erntejahr nicht so deutlich spürbar ist, ist das aus dieser Erde gewonnene Saatgut aber doch geschädigt, ja es läßt sich im ungünstigsten Fall ein Nachlassen der Regenerationsfähigkeit feststellen. Wenn der Mond zwischen Erde und Uranus steht, ist Saatgut wertlos, wie Konstellationsforscher festgestellt haben.

Auch eine allfällige Mondfinsternis spielt Pflanzen übel mit; verhaltensmäßige Veränderungen sind die Folge, und über das Saatgut taugt auch die Folgegeneration weniger als die „bei gutem Zeichen" gesäten Pflanzen.

Der Mond läuft hurtig um die Erde, wenn seine 29 Tage dauernde Reise mit den jahrzehntelangen der Wandelsterne verglichen wird. Es ist daher auch viel einfacher, die mit seinen Erscheinungsbildern zugleich auftretenden Wachstumserscheinungen zu beobachten, denn was bei Fixsternen einmal pro Generation geschieht, geschieht im Mondschein allmonatlich. Und es gibt eine lange Reihe von mondabhängigen Beobachtungen im pflanzlichen Teil der Natur.

Die Fähigkeit der Pflanze, ihre verschiedenen Organe, als da Wurzel, Blatt, Blüte, Frucht und Same sind, zu entwickeln, steht in enger Beziehung zum Mond. Die einschlägige Fachliteratur kennt die Auswirkungen des Mondes auf jede einzelne Pflanze, und sie empfiehlt daher für eine jede eine andere Pflanzzeit.

Die Fachliteratur schließt aber nicht nur auf des Mondes Auswirkungen und auf diejenige mehrerer anderer Wandler, sie macht auch Tierkreiszeichen, also Teile des Fixsternhimmels, für irdische Wachstumserscheinungen verantwortlich. Die Konstellationsforscher meinen der Tierkreiszeichen Auswirkungen dann feststellen zu können, wenn sich Wandelsterne oder der Mond auf ihrer Umlaufbahn zwischen die Sternbilder und die Erde hineinschieben, so daß der Verkehr zwischen Erde und Himmel sozusagen eine Unterbrechung erleidet. Diese Unterbrechung hat Folgen für die Fauna, und die Fachleute haben sie aufgelistet:

Wenn der Mond durch *Stier, Jungfrau* oder *Steinbock* fährt, verzeichnet das Wachstum an der *Wurzel* der Pflanze einen gewissen Fortschritt. Steht er in *Zwillinge, Waage* oder *Wassermann,* entfaltet sich die Blüte besser als an anderen Tagen. Bewegt sich der Mond durch *Krebs, Skorpion* oder *Fische,* gibt es im *Blattbereich* der Pflanzen verstärktes Leben. Und wenn er schließlich zwischen Erde und *Löwe, Schütze* oder *Widder* steht, entwickeln sich *Frucht* oder *Same* schubartig.

Wann der Mond nun in diesem oder jenem Sternzeichen steht, das ist in den einschlägigen Kalendern, voran im Mandl- und in den Saatkalendern, verzeichnet. Auf diese Zuordnung bezieht sich auch die in alten Kalendern vorfindbare Anmerkung, wonach für die Erledigung eines bestimmten Geschäftes „gut Zeichen" oder „schlecht Zeichen" sei; ja im Mandlkalender vergangener Jahre findet sich sogar eine Unterteilung in „mittel Zeichen".

In einem größeren Zusammenhang als in jenem mit den Pflanzen des Gartens und des Feldes sind die Tierkreiszeichen immer wieder in einer Zuordnung zu Elementen anzutreffen. Diese sagt, Fische, Krebs und Skorpion gehören zum *Wasser,* Widder, Löwe und Schütze zum *Feuer,* Stier, Jungfrau und Steinbock zur *Erde* und Zwillinge, Waage und Wassermann zur *Luft.*

Und, um die Ehre der Jungfrau aus der Überschrift dieses Kapitels wieder herzustellen, die Jungfrau — oder besser das Sternzeichen der Jungfrau selbst neigt natürlich nicht zur Kälte, sondern es gibt dann eine Tendenz zur Kälte, wenn sich der Mond zwischen die Erde und die Jungfrau schiebt.

Haus- und Gartenregeln
In die Erde und aus der Erde heraus

Der schon einmal bemühte Gewährsmann weiß aber auch von Abhängigkeiten des Hauslebens vom Naturjahr zu berichten: In einer Zeit, in der das Vorsorgedenken noch nicht weitgehend von den modernen Mitteln zur Konservierung entlastet war, als Speicherung und Lagerung also noch nicht durch Kühlkammer und Gefriertruhe der Sorge des Verderbens enthoben war, in einer solchen Zeit richtete sich auch der jährliche Schlachttag nach einer aus der Vergangenheit heraufgetragenen Regel.

Freilich wurde zu jener Zeit für den häuslichen Bedarf geschlachtet, was heißt, daß mit der Schlachtung ausschließlich des Hauswesens voraussichtlicher Bedarf an Fleisch für das kommende Jahr gedeckt wurde. Und freilich hatte sich das gesellschafts-arbeitsteilige Prinzip noch nicht soweit entwickelt, daß eine Schlacht-Anstalt (welch Begriff!) rund um das Jahr pausenlos hätte schlachten müssen, damit der (aufgeblähte) Fleischbedarf für ein -zigtausend Menschen starkes Gemeinwesen gestillt wird. Diese Entwicklung blieb der jüngsten Vergangenheit vorbehalten, die aus der bäuerlichen Ernte mit Umverteilungsfunktion eine agrarische Produktionsindustrie gemacht hat.

Des Gewährsmann Welt bestand in der vorindustriell funktionierenden bäuerlichen Produktion. Sie hatte so rechtzeitig vor Weihnachten einen Hirschen zu besorgen, daß das Fleisch dieses Hirsches am Schweineschlachttag weder zu frisch noch zu alt war, denn aus dem Fleisch der beiden Tiere wird die Haussalami hergestellt (die bessere, wie anzumerken erlaubt sein wird). Bis zum Schweineschlachttag mußte der Hirsch also besorgt und so weit vorbereitet sein, daß er gleich nach der Schlachtung mitsamt dem Schwein verwurstet werden konnte.

Dieser eine Schlachttag differiert von Landstrich zu Landstrich, jedoch niemals um mehr als einen oder zwei Tage, und immer ist es ein Tag um die Weihnachtszeit, und immer ist es der alte Schein, also der abnehmende Mond, der das grüne Licht für die Schlachtung gibt. Jeder Landstrich hält diesen einen Tag für denjenigen, der gewährleistet, daß das Fleisch möglichst lange haltbar ist und das ganze nächste Jahr über nicht gelb und nicht von Maden befallen wird. Und in der Tat lassen die Stücke in der bäuerlichen Vorratskammer, sofern sie aus Schlachtungen verschiedener Tage kommen, den bestätigenden Vergleich zu: Das eine Fleisch von der Lostag-Schlachtung ist im späten Sommer des nächsten Jahres noch fest, weiß und in den mageren Teilen dunkel, während unter der Schwarte des anderen, das längst aufgeweicht ist, im frühen Sommer, ja schon nach Ostern die Maden leben.

Es ist dies der Platz, ein zweites Mal auf die Bauernregel bezüglich Mondstand und Haarschneidetermin hinzuweisen. Es gibt im Bauernpraktikum eine Empfehlung für den Haarschnitt, welche sich allerdings auf Schafe bezieht und welche durchaus plausibel klingt:

Weil die durchschnittliche Temperatur schon so weit angestiegen ist, daß die Schafe ihres natürlichen Kälteschutzes nicht mehr bedürfen, und weil die Wolle dann im optimalen Zustand ist, wird die Schafschur in der zweiten Maihälfte — genauer: nach den Eisheiligen — durchgeführt. Bevor die kommerzielle Wollverwertung zugreift und vermarktet, sollte, wer Rohwolle (Schweißwolle) braucht, sich beeilen, seinen Bedarf zu decken.

Rohwolle wird nach der Schur gelüftet, in einem Jutesack oder einem anderem luftigen Gewebe getrocknet und lichtgeschützt aufbewahrt. Es empfiehlt sich eingedenk der Verderbnisanfälligkeit des Fettgehaltes aber, sie innerhalb eines Jahres zu verbrauchen. Rohwolle ist mottensicher; zu Reinigung und Pflege genügt ein- oder zweimaliges Einweichen in handwarmem weichen Wasser, das im besten Fall aus der Regentonne stammt. Übrigens eignet sich Wollwaschwasser hervorragend als Blumen- und Pflanzendünger.

Es gibt keine brauchbaren Forschungsergebnisse, die auf die Frage nach dem Warum eine einleuchtende Antwort geben würden. Es gibt Vermutungen und es gibt Hinweise auf die Einflüsse von Mond, auch von diesem oder jenem Tierkreiszeichen, aber es ist — im Anschluß an die noch plausiblen Holzregeln — eine wissenschaftliche Erklärung nicht gegeben. Nachdem sich aber, wie bereits erwähnt, das Buch nur Regeln zu sammeln die Aufgabe gemacht hat, begnügen wir uns mit der Methode des Feststellens, daß das Phänomen gegeben ist.

An Hausregeln bieten die tradierten Erfahrungen weiter an, daß Wände ebenfalls im alten Schein geweißigt (gekälkt) werden sollten, dann verbinde sich der Kalk mit dem Verputz so gut, daß die Wände nicht mehr abfärben und außerdem besser trocknen. Sauerkraut, das bei altem Schein geerntet und eingeschnitten wird, bleibe frisch, aromatisch und faule nicht. Speck und Wurst räuchere man im Zeichen des Krebses oder Steinbocks, empfiehlt die Tradition.

An dieser Stelle wollen wir die an sich konstellationsunabhängigen Empfehlungen unterbringen, nach denen gegen die Motten die — heute „biologisch" genannten — Hausmittel Lavendel, Maikraut und Walnußblätter vorsorgen, und als Anstrich Zirbelkiefernlack. Selbst übliches Zeitungspapier erreicht denselben Effekt wie chemisches Vertilgungsmittel, ist diesen jedoch im Sinne der hier gepflegten Weltsicht vorzuziehen.

Breiter sind die Erfahrungen und damit die Zahl der Veröffentlichungen in den Empfehlungen für den Umgang mit dem Garten, also auf dem Gebiet der Gartenregeln:

Gedüngt werde bei altem Schein. *Angesetzt* werde ebenso bei altem Schein, wobei sich die Zeichen des Stiers, der Jungfrau und des Steinbocks besonders zur Beachtung empfehlen. *Bäume* werden am besten bei Vollmond *umgesetzt,* da zu dieser Zeit ein Großteil des Saftes in der Krone ist, wie wir schon aus anderen Kapiteln wissen. Der Baum überlebt auf diese Weise das Von-der-Erde-Losgelöstsein leichter. Beim Umsetzen ist eine Verletzung der Wurzeln nicht zu vermeiden; bis diese wiederhergestellt sind, versorgt sich die Krone selbst und auch den Stamm dazu, weil der Saft wieder nach unten sinkt. Die *Krone schneide* man am besten drei Tage vor Vollmond zu, denn dann kann vom Saft, der zu dieser Zeit großteils in den Wurzeln ist, am wenigsten durch die Schnittstellen verlorengehen. *Bäume und Sträucher schneide* man bei abnehmendem Mond. Sie „bluten" dann nicht so sehr, und der Eingriff ist, wenn er schon sein muß, zu dieser Zeit das geringste Übel. Andere oberirdische Pflanzen wie Salate, Blumen etc. *säe* man im zunehmenden Mond, denn während dieser Phase drängt der Lebenssaft bekanntlich vom Boden in die Pflanze und der sich entwickelnde Setzling erfährt daher die bestmögliche Unterstützung von seiten der Natur. Unterirdische Pflanzen wie Rettich, Kartoffel, Rübe etc. werden hingegen in der abnehmenden Phase *gesät,* dann bilden sie am leichtesten die Wurzeln mit den Knollen, die wir gerne auf dem Tisch sehen. Das *Einkellern* von Kartoffeln, allen Wurzeln und Knollen von Obst und Blumen geschehe nicht in nassem Zeichen (das sind Fische, Wassermann und Jungfrau). Das Gut fault dann nämlich gern. *Obst* soll bei altem Schein *geerntet* werden, und zwar morgens, da zu der Zeit am meisten Kraft in der Frucht gespeichert ist.

Im Garten gilt dieselbe Regel, die wir im Kapitel „Bauernkunde" schon einmal gebraucht haben: Was in die Erde kommt, geschehe bei abnehmendem Mond, und was aus der Erde heraus soll, geschehe bei zunehmendem Mond.

Reduziert auf die Tagestierkreiszeichen lesen sich die Empfehlungen für Gartenarbeit so:

Der Widder steht für schnelles Gedeihen und für Fruchtansatz. In seinem Zeichen soll also gesät werden. Das betrifft besonders Rosen. Im *Stier* säe man Blumen, aber auch Getreide und „alles andere" (Bauernregel), und verpflanze Bäume, Ableger und Reben. Das Zeichen *der Zwillinge* empfiehlt sich für Blumensaat, sonst aber ausdrücklich „für nichts". *Der Krebs* steht für Fruchtbarkeit; also säe man alles, was sich gut und schnell vervielfachen soll: Gurken, Kürbis, Kohl, Salat. *Der Löwe* garantiert Farbenpracht, was bei Blumen gefragt ist. Man beschneide in seinem Zeichen auch, säe aber nichts, mähe auch nicht. Im Zeichen der *Jungfrau* säe man ebenfalls nicht, verpflanze aber Apfelbäume. In der *Waage* sollen Blumen rasch gedeihen sowie Kresse, Wein, Bohnen und Kartoffeln. Im *Skorpion* ist beste Saatzeit für Zwiebel, Senf, Rettich, Knoblauch, Hopfen und Mohn. Kartoffeln sind im Zeichen *des Skorpions* ausdrücklich ausgenommen! Düngen solle man dagegen im Skorpion, allerdings nur, wenn der Mond gerade abnimmt. Im Schützen säe oder pflanze man Blumen, und im *Steinbock* Rüben, Hart- und Nadelhölzer. In seinem

Zeichen soll auch das Kraut eingeschnitten werden. Im Zeichen *der Fische* setze man Frischlinge und dünge, wiederum aber nur bei abnehmendem Mond. Im selben Zeichen bei zunehmendem Mond setze man auch Bäume, jedoch nur nach Sonnenuntergang, und zwar je später desto besser. Beim *Wassermann* vermeide man sowohl das Pflanzen als auch das Säen. (Entnommen bei Hinterseer.)

Hausregeln
Vollmond füllt das Bachbett

Wenn wir schon vom Ertrag reden: Er ist der Erkenntnis aus der Konstellationsforschung gemäß kleiner, wenn zu einer Zeit gesät wird, in der sich der Mond auf einer *von der Erde sich entfernenden Bahn* befindet. Bekanntlich verläuft die Mondbahn ellipsenförmig, der Mond ist also einmal weiter, ein andermal weniger weit von unserem Planeten entfernt. In der Zeit der den Abstand von der Erde vergrößernden Bahn gesäte Gartenpflanzen neigen zur Entvitalisierung, wie der Fachmann sagt, ihre Lebenskraft leidet also gewissermaßen unter Schwund, die Pflanzen neigen zum Schossen, d. h. ihre noch verbleibende Kraft schießt an dem vom Gärtner erwarteten Ziel vorbei. Für Samenpflanzen birgt das einen gewissen Vorteil, weil schießende Pflanzen samenreich sind, für Blattpflanzen ist die Erdferne des Mondes aber eine gänzlich ungeeignete Pflanzzeit. Möhren dieser Saattage verholzen leicht, wogegen die Kartoffel als einzige

Pflanze in solchen Zeiten einen Vorteil zu haben scheint: sie wächst besser und ertragreicher, wenn der Mond weiter von uns entfernt ist.

Ist die Mondbahn eine der Erde *nähere,* haftet umgekehrt an Samenpflanzen der Wachstumsmißerfolg. Samen keimen schlecht, das Pflanzenwachstum ist von Störungen und Hemmungen überschattet, und Pilze und Schädlinge machen sich über die aufgehenden Pflänzchen her.

Die scheinbar dichte Zeit der Hemmnisse weiß der Gärtner mit Saattagkalendern zu durchbrechen. Für die emsige Håusfrau hingegen ist es von zweitrangiger Bedeutung, ob der Salat zwei Blätter mehr oder weniger hat und ob der Kartoffeln drei mehr oder weniger sind; es freut sich der Hobbygärtner, wenn es ihm überhaupt gelungen ist, der Erde ein paar Früchte abzuringen.

Im bäuerlichen Leben gibt es eine Reihe weiterer gestirnsabhängiger Erscheinungen, die zu beachten von gewissem Nutzen ist. Ob der Mond eine geheimnisvolle Wirkung ausübt, oder ob die Erscheinungen lediglich zugleich und unabhängig voneinander auftreten, mag jeder für sich je nach privatem Denkansatz entscheiden, jedenfalls kennt die Volkskunde auch das Phänomen, daß Überschwemmungen, die bei *abnehmendem Mond* auftreten, das Bachbett ausräumen und die Ufer unterspülen. Ein Hochwasser bei *zunehmendem Mond* füllt das Bachbett hingegen mit Schwemmaterial auf. Bachverbauungen, Uferschutz und alle im Wasser begründeten Bauwerke errichte man daher tunlichst in der zweiten Hälfte des zunehmenden Mondes. Bei abnehmendem Mond gelegte Grundsteine von solchen Bauwerken könnten unterspült werden, während sie sich bei zunehmendem Mond „gut betten". Nach Wasserquellen grabe man ebenso bei zunehmendem Mond, denn es gilt die Regel, das *alles, was aus der Erde heraus soll, bei zunehmendem Mond begonnen werden soll.*

In diesem Schein geschlagene Christbäume behalten ihre Nadeln länger, wovon sich der im Schwarzwald beheimatete Brauch herleitet, für Christbäume, die mit einem „Mondstempel" versehen sind, einen höheren Preis zu verlangen. Dieser Stempel ist eine Bestätigung des Försters, daß der betreffende Baum bei *zunehmendem Mond* geschlagen wurde.

Holz, das für Pfahlgründungen im Wasser wie z. B. für Schiffsstege verwendet wird, soll im Sommer bei *zunehmendem Mond* gefällt, während es im Vollsaft steht, und sogleich eingebaut werden. Im *zunehmendem Mond* werden auch solche Pflanzen gesetzt, von welchen eine starke Krautentwicklung erwartet wird, am besten vor *Vollmond* im Zeichen des Krebses, und das Einhobeln und -beizen dieser Pflanzen geschehe ebenfalls im *zunehmenden Mond,* am besten im Zeichen des Stockbocks, der Waage oder des Schützen.

Demzufolge hat *alles, was in die Erde hinein und in ihr sich entwickeln soll, bei abnehmendem Mond* zu geschehen. Das bezieht sich selbstverständlich auch auf die Aussaat von allen Knollen- und Wurzelfrüchten.

Straßen sollen bei *abnehmendem Mond* aufgekiest werden, sollen sie fest werden, denn dasselbe Unterfangen bei zunehmendem Mond ausgeführt ist fruchtlos: Der Straßenbelag würde locker bleiben und schnell ausgefahren werden. Wassergräben müssen, sollen sie das Wasser mit bestem Ergebnis aus dem Sumpf ziehen, bei *abnehmendem Mond* ausgestochen und nachgegraben werden; im anderen Falle bleibt das Wasser stehen und die Ufer brechen nach. Die Laufplatten für den Fußweg im Garten verlege man gewissenhaft bei *abnehmendem Mond,* so wachsen sie ein und bleiben fest, während ein Verlegen bei zunehmendem Mond die Platten wackeln läßt und somit wenig zielführend ist. Dies trifft auch für das Setzen von Zaunpfählen zu. Sickergruben kommen der ihnen zugedachten Funktion am besten nach, wenn sie bei *abnehmendem Mond* ausgehoben werden; das Zeichen des Krebses ist dem am besten förderlich. Obst pflücke man bei *abnehmendem Mond,* besser noch in der zweiten Hälfte dieser Zeit, so ist es lange haltbar. Gemüse ernte man jedoch in den ersten Tagen nach *Vollmond,* damit es erhalten bleibt.

Eine Sammlung der volkskundlichen Erfahrungen, soweit sie sich auf den Mondstand und die von diesem abhängigen Erledigungen beziehen, erbringt weiter:

Heu darf bei *abnehmendem Mond* feuchter als üblich eingebracht werden, es trocknet im Heustock dann aus. *Bei zunehmendem Mond* wird solches Heu dagegen grau und schimmelig. Dies gilt auch für Laub- und Aststreu.

Der Alpenampfer ist eine Pflanze, die von Weidetieren verschmäht wird. Dennoch entzieht sie der ohnehin kargen Almflora wichtigen Lebenssaft, weshalb sie sich beim Landwirt nicht eben großer Beliebtheit erfreut. Um den Alpenampfer zu entfernen, zieht ihn der Landwirt bei *abnehmendem Mond* im Zeichen des Krebses aus der Wurzel, d. h. er reißt ihn nicht etwa aus, sondern zieht einmal stark an ihm. In der Folge stirbt dieser Mitesser dann ab.

Weinreben schneide man im *abnehmenden Mond;* guten Most erhält man, wenn die Äpfel zur nämlichen Zeit geerntet und sogleich gepreßt werden. Gedüngt werde, wenn es im Herbst getan wird, bei *zunehmendem Mond,* im Frühling jedoch bei *abnehmendem.* Mist- und Komposthaufen setze man bei *abnehmendem Mond* auf, damit sie schnell faulen und saftig bleiben, was der Landmann besonders schätzt. Weniger schätzt er es, wenn Gurken und Kürbis faulen; um dem vorzubeugen, setzt man die Misthaufen, auf denen Gurke und Kürbis gedeihen sollen, auf freiem Feld und — wohlgemerkt — bei *zunehmendem Mond* an und säe alsdann die Früchte. Solches Vorgehen gewährleistet wiederum, daß der Misthaufen feucht und saftig bleibt, und zwar diesmal, ohne zu faulen.

Eingelassener Kalk wird, wenn er im Vollmond heiß zu Mörtel verarbeitet wird, in der Mauer fest wie Zement. Gekalkt werden Wände jedoch mit bestem Erfolg bei *abnehmendem Mond,* denn der zieht die Feuchtigkeit aus Anstrich und auch aus der Wand, wenn dort eine feuchte Stelle war. Zunehmender Mond verhindert die Trocknung von beidem. Heilkräuter und Pilze sammle man im *Vollmond,* da sie ein Maximum an aufgestauter Kraft zu bergen versprechen. Desgleichen verfahre man mit Gewächsen, mit deren Aroma Schnäpse angereichert werden wie z. B. mit Liebstöckel (im Volksmund Luschstock) oder Enzian: werden sie bei *zunehmendem Mond* zu Mittag gepflückt und sogleich in Alkohol angesetzt, verspricht dies einen guten Schnaps.

Obstbäume verpflanze man, wenn überhaupt, bei *Vollmond;* mit dem vorrätigen Saft überleben sie die Zeit, bis die Wurzeln wieder mit der Erde verwachsen sind. Kälber entwöhne man von der Kuh am besten drei Tage vor *Vollmond,* oder sonst in Zeichen wie Waage oder Steinbock. Für dieses Vorhaben soll das Zeichen des Löwen ungünstig sein, denn die dann entwöhnten Kälber sollen später unruhig sein, und ebenso vermeide man die Entwöhnung im Zeichen der Jungfrau, denn solcher Tiere Drang zum Stieren oder Aufreiten — für Stadtmenschen: der Sexualtrieb — sei zu ausgeprägt.

Womit sich der Kreis wieder schließen würde: War am Eingang des Kapitels von menschlicher Fruchtbarkeit die Rede, ist es am Schluß diejenige der Haustiere. Trotz diesem scheinbaren Einfluß beinhalten die Gedankenverbindungen zum Gestirn namens Mond eine Assoziation „Fruchtbarkeit" nur höchst nebensächlich. Er verkörpert das männliche Prinzip, das bei den beschriebenen Vorgängen jedoch nur eine Statistenrolle spielt, und die Sonne ist das Weibliche, Fruchtbare, Leben Gebende. Hier untersuchen wir jedoch nicht Mythisches, sondern stellen einen merkwürdigen Zusammenhang zwischen Mondstand und Erdenzustand fest. Und merkwürdige Parallelen zu irdischen Vorgängen gibt es auch mit anderen Planeten.

Gartenregeln
Unter sich und über sich

Ein weiteres Mal kommen wir um die Gefahr einer leichten Verwirrung nicht herum: Als ob die bisher gesammelten Regeln dem Nichteingeweihten, d. h. demjenigen, der noch nicht so selbstverständlich mit Mondphasen und Tagestierkreiszeichen umgeht, nicht schon genug Konzentration abfordern würden, gibt es auch noch ein anderes, vom bisherigen Gartenregeln-Grundmuster vollkommen verschiedenes Natur-Regularium. In diesem wird nicht nach dem jeweiligen Mondstand gefragt, sondern nach der Mondbahn und den aus ihr sich ergebenden Konstellationen.

Es ist dies eine hauptsächlich in der Schweiz gebräuchliche Interpretation der Mondwirkung; dort ersetzt der aufsteigende Mond den Vollmond.

Kriterium dieses Regulariums ist die Stellung des Mondes zu den Tierkreiszeichen. Der Mond durchläuft die Sternzeichen bekanntlich in seiner Monatsumlaufbahn einmal zur Gänze und geht dabei „unter sich" oder „über sich". Diese volkstümlichen Ausdrücke meinen, daß der Mond einmal von der nördlichen Mondwende unter den Äquator geht und wieder „heraufkommt", und im zweiten Fall, daß er von der südlichen Mondwende „heraufsteigt", „über sich geht", also den Äquator in nördlicher Richtung kreuzt und vor seinem Untergang wieder in den Süden taucht. Auch die Bezeichnungen „absteigender" und „aufsteigender Mond" werden in diesem Zusammenhang verwendet. Der unter sich gehende Mond beginnt seine Bahn, wie der Sternkundige weiß, im Zeichen des Krebses und endet beim Schützen; der über sich gehende Mond beginnt im Zeichen des Steinbocks zu wandern und endet im Zwilling.

Nach diesem Regelmuster heißt es, daß alles, was unter der Erde groß und stark werden soll (wie Knollenpflanzen) bei unter sich gehendem Mond gepflanzt werden soll, und alles, was ober der Erde wachsen, blühen und gedeihen soll, bei über sich gehendem Mond gepflanzt werden möge. Diese Grundregel widerspricht der vorher zitierten nicht, sondern ergänzt sie. Bei Einsicht in die Sternkonstellationen und bei eifrigem Gebrauch des Mandlkalenders entwirrt sich diese Regelvielfalt schnell. Ohnehin stellt sich die Beobachtung bald ein, daß sich die Zeiten über sich und unter sich gehenden Mondes mit zu- und abnehmendem Mond annähernd decken. Trotzdem: es bedarf einiger Übung, um sich zwischen altem Schein, gutem Zeichen, über sich gehendem und abnehmendem Mond nicht zu verlieren ...

Die Empfehlungen nach dieser Regel:

Bei unter sich gehendem Mond Mist- und Komposthaufen für günstige Gare ansetzen, Miste streuen und düngen aller Art, nur nicht jauchen, Knollenfrüchte (Kartoffeln), Möhren, Radieschen, Sellerie, Rohnen = Rote Rüben, Runkeln, Steckzwiebeln) säen und setzen, Zaunsäulen setzen, da sie fest bleiben, Hecken- und Baumschnitt vornehmen, da der Saftverlust gering ist, und endlich die Empfehlung, zu beobachten, daß der Bach den Schotter abführt und sein Bett so auf natürliche Weise räumt.

Bei über sich gehendem Mond Blattpflanzen, Gemüse, Gewürz- und samentragende Pflanzen (Salat, Spinat, Bohnen, Kohl, Kraut, Tomaten, Gurken) setzen, Blütenpflanzen aller Art setzen, Gründüngung vornehmen, Quellwasser fassen, Weihnachtsbaum schlagen, Obsternte vornehmen, Wurzelknollen und Obst einkellern, Reiser und Pfropfreiser schneiden, Garten umstechen und Blumen umsetzen.

Der ideale Ort kennt Regeln

Das Haus
Zufluchtsort vor Wetter und Dämonen

Sein Name ist ebenso alt wie der Name „Frau", seine Wichtigkeit für die Menschheit nicht minder, und ohne es ist der Mensch in der derzeitigen Form seines Bestandes nicht vorstellbar: das Haus. Der Name „Haus" leitet sich denn auch von einer älteren Bezeichnung als die meisten anderen Begriffe der deutschen Sprache ab, nämlich von einer indogermanischen Wurzel, die so viel wie „bedecken", „umhüllen" heißt. Die Germanen sagten zu ihrem bedeckenden-umhüllenden Ort ein Wort, das man mit „Huza" in unseren Buchstaben schreiben könnte; in den Gefilden südlich der Alpen meinten die Altslawen mit „Chyzu" dasselbe. Heute heißt dieser Ort im Norden und im Süden gleichermaßen „Haus"; dennoch ist im Süden eine „Chyzu"-Abwandlung in Form von „Keusche" gebräuchlich, die bezeichnenderweise zwar doch ein Haus, aber ein etwas kleineres, bescheideneres meint.

Ob stattlich-breit oder ärmlich-funktional, das Haus ist allemal Asyl im rechtlichen und im magischen Sinn. Es ist der Zufluchtsort vor Witterungseinflüssen und ursprünglich eine reine Verbindung von Bedingungen und einfachen Baugedanken, und es ist die Ausgehgrenze für die Wöchnerin (wenigstens einem altvorderen Denkmodell nach) und die Annäherungsgrenze für Dämonen. Es ist der Ort, von dem aus man weggeht und zu dem man wieder zurückkommt, und es ist, sofern es überhaupt Besitz gibt, der einzig reale Besitz.

Die Riten im Haus und rund um es sind in dieser Epoche zwar verwischt oder nicht gut erkennbar, doch hat die modellhafte Vergangenheit die magische Schutzkraft des Hauses laufend zu erneuern, verstärken und verlängern getrachtet. Zu diesem Behufe führte man Räucherungen durch, wie im Kapitel „Rauhnächte" bereits erörtert, segnete man es, trug Kreuze und Talismane zusammen und setzte obenauf eine Giebelzierde, die nicht nur dem Nachbarn imponieren, sondern auch den Geistern das Dasein verleiden sollte. Nach R. Weiß (Völkerkunde der Schweiz, 1946), „gehört das Haus mit der Siedlung zu den naturgebundensten Gegenständen der Volkskultur".

Es gibt nur zwei Grundtypen in diesem Kulturraum, das romanische Kaminhaus und das osteuropäisch-slawische Rauchstubenhaus. In den Materialien unterschied es sich nach seinem Standort, denn Marmor aus Italien nach Lübeck und Sandstein aus dem Donautal in den Elsaß zu transportieren gab es keinen Anlaß; so nahm man das Material des Standortes von Berg oder Tiefebene, von Steinbruch oder Lehmgrube, von Laubwald oder Tannenwald. Geformt wurde die „Umhüllung und Bedeckung" von den Bedürfnissen und den Wirtschaftsmerkmalen.

Eine „Nation" ist oftmals gleichbedeutend mit „sprachlicher Einheit"; das Haus als andere wichtige Äußerung des schöpferischen Volksgeistes überschreitet jedoch vielfach die sprachlichen und politischen Grenzen — wenn auch nicht immer als Ganzes, so doch in einzelnen Elementen —, so daß wir nach dem „einzigen Besitz", den das Haus darstellt, jetzt von der „einzig wahren Grenze", die die ursprüngliche Architektur markiert, sprechen können.

Biohaus und Wohnort
Der Mensch ist eine Blume

Das Ahndl war sehr viel fortschrittlicher als wir, obwohl wir uns fortschrittlich dünken, und wir könnten von seinem Wissen und Verhalten eine Scheibe für uns abschneiden. Das Ahndl hat nämlich aus der größten Selbstverständlichkeit heraus für den Bau seines Hauses das Material des Standortes zusammengetragen und verwendet und äußere und innere Bedingungen geschaffen, die wir heute wiederentdeckt und mit dem Namen „biologisches Bauen" belegt haben.

Freilich hatte das beispielhafte Ahndl nicht die Wahl zwischen Hi-Tech und Substandard, es war nicht in der Verlegenheit, sich für oder wider Telekabel entscheiden zu müssen, und ob die Wasserleitung in den ersten Stock geführt werden sollte oder nicht, bereitete ihm ebensowenig Kopfschmerzen. Der Vorfahr baute das „ideale Haus":

Das ideale Haus ist aus Stein, Lehm, Holz und dergleichen natürlichem Material, keine einzige Leitung durchzieht es, weder eine solche für Wasser, noch eine für Elektrizität, Telefon oder Fernsehantenne. Der ideale Bau muß auf derlei Komfort dennoch nicht verzichten, weshalb bereits bei der Planung überlegt werden muß, wie der kürzeste und am wenigsten störende Weg von der Quelle bis zum Gerät ist. Leitungen wie die angeführten — wir alle haben solche in unseren Wohnungen — verändern das Bioklima und damit die Voraussetzungen für jenes Dasein, für welches wir eigentlich gedacht und in die Welt gesetzt wurden.

Damit nicht genug: das Ahndl, das wir noch einmal strapazieren wollen, hatte auch eine ungleich biologischer eingerichtete Wohnung als wir. Es hat die Wände mit Kalk geweißt, nicht mit Dispersion aus dunkler Chemikerquelle, hat seine Möbel aus Wald und Tischlerhänden bezogen, welche letztere selbstverständlich auch den Leim gekocht haben, und zwar aus tierischen Rückständen. Als Verbindungssystem diente weiter der Nagel, und der war aus Holz — nicht etwa der Baubiologie wegen, sondern weil geschnitzte Holznägel unvergleichbar billiger waren als das rare Metall. Als Nebenprodukt fiel ein biologisch ideales Klima ab.

Heutzutage sind wir von toxischen Stoffen eingehüllt und umgeben: Holz ist im Möbelgeschäft beinahe ausschließlich in Form von furniertem Preßspan bekannt, und Preßspan ist Holzmehl, das chemisch gebunden ist. Und darüber sind Farbe oder Lack, die, ganz eindeutig und emotionslos festgestellt, aus Giften bestehen. So daß die fortschrittlicheren unter den Spielzeugherstellern auf ihren Produkten zu vermerken sich beeilen, daß der Beißring auch wirklich in den Mund genommen werden kann. Sind die Materialien, mit denen unsere Wohnungen ausgestattet sind, wie üblich aber giftig, können sie Ekzeme, Schleimhautreizungen und Allergien auslösen. 60 % aller Fälle von depressiver Stimmung, 70 % aller Kopfschmerzen, 75 % der Ursachen von Schlaflosigkeit und 80 % der allgemeinen Nervosität und Neurotisierung sind nach dem Volkskundler Piperek durch die Wohnungssituation mitbedingt, und alles das nur, weil diese Zeit das richtige Wohnen verlernt hat. Und das alles wurde herbeigeführt durch den sogenannten Fortschritt, der nicht immer vorteilhafte Werkstoffe hervorbrachte, und durch die Tatsache, daß dem urban lebenden Menschen im Laufe der Zeit der Instinkt für das natürliche Wohnen abhandengekommen ist. „Wenn man ein angepaßtes Lebewesen in ein ihm nicht entsprechendes Umfeld stellt; dann geht es zugrunde" (Piperek).

Die Voraussetzungen eines Ortes für das Aufkommen von Pflanzen betrachtend wird in diesem Buch geäußert, daß Samen nur dort aufgehen und Pflanzen nur dort gedeihen, wo die für sie mindestnotwendigen Bedingungen herrschen. Hier ist einmal mehr der Platz festzustellen, daß der Mensch ein Auswurf der Erde ist wie die Blume, und mit der für die Blume zutreffenden Selbstverständlichkeit ist die bioklimatische Voraussetzung eines Ortes auch auf den Menschen anzuwenden. Der Mensch hat zwar in einem anderen Sinne „schön" zu sein als die Blume, beide aber sollen sie gedeihen und sich entfalten können, beide haben sie sich bis zu ihrem Zustandsmaximum — populärer: bis zu ihrer Reife — zu entwickeln, und die bioklimatische Umgebung trägt dazu in elementarer Weise bei.

Jeder kennt aus eigener Anschauung den Eindruck von einem alten Ort, einer hochmittelalterlichen Stadt und, von den diversen Ausgrabungsstätten, einer antiken Siedlung. Der Eindruck ist allemal ähnlich oder gleich: Die alten Siedlungen schmiegen sich an einen landschaftlichen Punkt, verharren an einem von der Natur prädestinierten Platz in der Sonne und sind nach wie vor — sofern sie nicht nachträglich verändert wurden — exakt so groß, wie auch der unbewußt dort Stehende den Ort als harmonisch, ungestört empfinden kann. Alte Siedlungen sind Gartenbeete, in denen die Menschen gewachsen sind wie Blumen, nur haben diese Blumen heutzutage kranke Blattränder.

Um dies noch weiter zu verdeutlichen: Die Blüte steht für den geistigen Zustand, für alles das, was im geistigen Sinne als entwicklungsmäßiger Fortschritt gelten kann; die Menschheit ist also „aufgekommen" wie die Blumen in einem guten Beet. Im Beet daneben wachsen keine Blumen, dort gedeiht auch bei vermehrter Anstrengung nichts oder nicht das Erwünschte.

Heutige Städteplanung geschieht nach anderen Kriterien als nach den instinktiven einer älteren Zeit. Zwar soll Fachleuten nicht unterschoben werden, daß sie das Gefühl vom Reißbrett wischen, wenn sie planen, aber doch sind der Rücksichten zu viele, die das Stadtwachstum zuungunsten einer instinktgelenkt-natürlichen Planung beeinflussen. Das Ergebnis ist Nervosität, Kopfschmerz und Depression — eine Bestätigung für die These, daß wir „im Beet daneben" leben.

Dem Verfasser ist ein Haus bekannt, dessen Besitzer es erworben und in Eigenleistung in jenen Zustand gebracht hat, welchen es in seinem Baujahr im 17. Jahrhundert hatte. Er hat das Haus zu dem gemacht, was es sein soll: zur dritten Haut des Menschen. Er hat die Steine, den Lehm und das Holz der unmittelbaren Umgebung verwendet. Im ganzen Haus gibt es keinen einzigen Metallnagel und nur soviel an Leitungen, wie unumgänglich waren. Es gibt keinen Lack und keine Farbe, stattdessen aber Leinöl und Lärchenharz, und die

Schindeln aus drehwüchsigem Holz hat er selbst geschnitten und ohne Nagel am Dach befestigt. Es gibt dort keinen Schaumstoffteppich und keine Dispersion, wohl aber Wolle und Kalk. Um Unkenrufen vorzubeugen: das ist nicht im geringsten eine Angelegenheit der Finanzen, sondern eine der menschlichen Bedürfnisprioritäten.

In diesem Haus lösen sich alle Widersprüche auf. Alles, was draußen wogt und unruhig ist, glättet sich dort, und der Erschütterungsmesser des inneren Menschen zeigt keinen Ausschlag mehr.

Das Bett
Mit dem Kopf nach Norden

Ob das Bett zur dritten Haut des Menschen gehört oder zu seiner zweiten, also zur Bekleidung, darüber könnte philosophiert werden. Einigen wir uns darauf, daß es, wie die Haut, die Kleidung, das Haus und der Standort zu jenen Dingen gehört, welche die Schichten zwischen der Seele und dem All sind.

Keine Frage, daß für das Bett wieder nur natürliche Materialien Verwendung finden sollten. Holz und Rohrgeflecht nehme man für ein solches, niemals aber Eisen oder, so sehr das Auge sich daran auch freuen mag, Messing. In die Matratze soll selbstverständlich nicht Schaumstoff, sondern Wolle oder Roßhaar. Auch Palmfaser oder Kapok, denn das sind die Materialien, die von der Natur als Schlafunterlage vorgesehen sind. Oder, aus einer anderen philosophischen

Perspektive: das sind die Materialien, auf denen der Mensch schon so lange liegt, daß der Erfahrungswert mit „Natur" gleichbedeutend ist.

Federn sind, obwohl von Eiweißbeschaffenheit und großmütterlicher Empfehlung als ideal angesehen, dennoch keine vorzügliche Schlafunterlage. Federn haben keine Lüftungseinrichtung mehr, wenn sie erst einmal in Kopfkissen und Decken gefaßt sind, sie haben sie nur, solange sie am Tierkörper stehen. Wolle besitzt eine Lüftungseinrichtung durch ihre unvergängliche Kräuselung, Federn aber rutschen zusammen und werden bis zur Luftundurchlässigkeit festgedrückt. Nach Lehmann ist das ideale Bett aus Holz, Kamelhaar, Lama-, Merino- und Schurwolle, beileibe aber nicht die Daunen-Leinen-Garnitur.

Beim Thema Bett soll natürlich auch dem Phänomen nachgegangen werden, demzufolge nicht unwichtig ist, in welche Richtung man schlafend liegt. Die meisten Menschen schlafen am besten, wenn ihre Füße nach Süden liegen. Als unergründliche Regel, als wohl nur mit mythischen Hilfsmitteln umschreibbare Empfehlung gilt, das Gesicht der Sonne zuzuwenden bzw. ihrer Bahn, und nach Lehmann hängt der Umstand, daß der Mensch durchwegs mit dem Kopf nach Norden liegend am besten schläft, mit der Erdrotation zusammen. Darüber, wie sich Tiere betten, liegt kein Material vor; wohl aber ist bekannt, daß sich Kinder unter der Voraussetzung, daß genug Platz vorhanden und gleichmäßige Bedingungen gegeben sind, immer so legen, wie ihr Instinkt es ihnen sagt.

Strahlenflüchter, Strahlensucher
Mithilfe von Intuition und Ameisen

Ob der Brauch noch praktiziert wird oder nicht ist unerheblich, es gibt ihn wenigstens in der Überlieferung; und die Frage nach dem Platz, den der Bauer als Bauplatz für sein Haus aussuchte, wurde nicht nur nach der Eingebung entschieden, sondern auch mithilfe einer sonst nicht übermäßig beliebten Spezies: der Ameise.

In Bayern, so wird gesagt, pflegte man vor dem Kellerausheben einen Ameisenhaufen dort zu vergraben, wo später das Haus stehen oder wo sich später das Schlafzimmer befinden sollte. Dieser Platz wurde bestimmt *nicht* der Platz für das Schlafzimmer, wenn die Ameisen auf der Stelle blieben, und nach Möglichkeit wurde das ganze Haus im Grundstück verrückt. Wenn dagegen die Ameisen wegzogen, sprach das *für* die Stelle, und zwar umso mehr, je schneller sie wichen.

Die Ameise ist nicht Götterbote wie die Schlange in der germanischen Mythologie, sie bleibt auf einem Platz oder zieht von diesem weg, weil sie *Strahlensucher* ist. Sie fühlt sich auf Plätzen wohl, die „gestört" sind, die in Reizzonen liegen oder auf Punkten, in denen Bestrahlungen auftreten. Der Mensch wieder schätzt den Platz nicht sonderlich, so daß er aus der Abneigung der Ameise für einen Platz seine Lehre und seinen Nutzen ziehen kann. Dasselbe trifft auch für die von Hund und Kuh vorgezogenen Plätze zu: Wo sie bleiben, lasse man sich ruhig nieder, denn sie sind *Strahlenflüchter.* Käthe Bachler beschreibt Fälle, in denen angekettete Hunde ihre Hütte mieden und soweit wie der Radius der Kette dies zuließ einen nach unseren Vorstellungen eher ungemütlichen Platz — einen Steinboden beispielsweise — vorzogen, weil ihre Hütte an einer gestörten Stelle stand. Oder ein Fall aus dem Kuhstall: Ein Bauer hätte über 20 Jahre hinweg beobachtet, daß auf einem seiner 15 Stellplätze die jeweils dort stehenden Kühe immer wieder erkrankten oder verendeten. Nicht nur das, auch die Schweine im gegenüberliegenden Verschlag wären krank gewesen und der Platz auf der Hühnerstange, der in der Verlängerung der Linie Stellplatz — Verschlag lag, wäre von den Hühnern gemieden worden. Käthe Bachler hat eine dort verborgene Wasserader geortet, also einen Strahlungsbündler gefunden; nach Umbau und Umstellung hätten die Krankheitsfälle ein Ende gehabt.

Anders verhält es sich mit der Katze; ihre tiefere Ortskenntnis macht sich der Mensch zunutze, indem er die von ihr bevorzugten Plätze meide, denn die Katze ist *Strahlensucher*.

So sind die Lebewesen und die Pflanzen entweder Strahlensucher oder Strahlenflüchter. Als tierische Strahlenflüchter zählen die Radiästhesisten auf: Hund, Kuh, Schwein, Huhn, Vögel, Pferd und Fisch; daß der Mensch Strahlenflüchter ist, versteht sich von selbst. Als Strahlensucher kennen sie: Katze, Ameise, Biene, Insekten, Bazillen (sic), Eingeweidewürmer (sic). Bei der Aufzählung der Biene verdient angemerkt zu werden, daß die Erträge ihrer Stöcke höher sind, wenn sie über gestörten Plätzen sind, und wenn das Bienenvolk schwärmt, hängt es den Schwarm immer über Störkreuzungen auf.

Im Garten sind Strahlenflüchter der Apfelbaum, Birnbaum, Nußbaum, Ribisel- und Fliederstrauch, der Wein, die Sonnenblume. Dagegen sind Kirsche, Pflaume, Marille, Pfirsich, Holunder und Mistel Strahlensucher.

Im Wald sind Buchen und Linden Strahlenflüchter, Eichen, Fichten, Tannen und Lärchen Strahlensucher.

In der Wohnung flüchten Begonien, Azaleen und Kakteen vor Strahlen und Asparagus, Aralie und Zierlinde suchen sie.

Kommt ein Same einer Pflanze auf natürliche Weise auf einen Platz, der der Pflanze nicht behagt, geht der Same nicht auf. Pflanzt der Mensch die Pflanze an einem verkehrten Ort, wächst sie zwar mitunter dort, aber sie weicht nach Möglichkeit aus, wächst schief und entwickelt Geschwüre. Das von Radiästhesisten gesammelte Material zeigt Bäume mit mächtigen Wucherungen (Baumkrebs), sich auf dem Boden dahinwindende und erst dort aufrichtende Bäume, wo sie dem Störzoneneinfluß entronnen sind, und Hügel voller Weinstöcke, die kerzengerade wachsen, dort aber, wo eine Starkstromleitung über den Weinberg geführt ist, sich in Winkeln bis zu 45° von der Leitung wegneigen. In der Tat ist die wellenförmige Ansichten erzeugende Abneigung der Weingärten ein überzeugendes Schauspiel.

Der Obstbaum wächst ebenso schief, wenn er dem Reiz der Erdstrahlung ausgesetzt ist, oder er stirbt ab oder er trägt auf der über der Reizzone liegenden Hälfte keine Frucht. Es bietet sich die Lösung an, im Garten an solchen Stellen, an denen Strahlensucher verkümmern, Strahlenflüchter zu pflanzen und umgekehrt.

Im Wald tritt nach radiästhesistischer Auskunft dort Insektenbefall auf, wo die jeweiligen Pflanzen ungünstigen Strahlungen ausgesetzt sind. Die Angabe läßt allerdings zwei mögliche Interpretationen zu: Die eine, daß die jeweils schädigenden Reize den Baum ruinieren und er so von Ungeziefer befallen werden kann, und die andere, nach der Ungeziefer mit Vorliebe an gestörten Plätzen tätig wird und bislang gesunde Bäume befällt. Wie es auch sei: in jedem Falle ist der Baum der Leidtragende.

Tiere werden, wie schon angedeutet, krank oder es leidet ihre Fruchtbarkeit. Um dem zu entgehen, nisten Schwalben und Störche nur an strahlungsfreien Plätzen. Der sie unterstützende Mensch tut ihnen garantiert dann Gutes, wenn er den Nistkasten an einem gesunden Obstbaum anbringt, denn der fürchtet die Strahlung gleich wie die Vögel. Der die Wohnzimmeratmosphäre bereichernde Zierfisch schwimmt nur im ungestörten Teil seines Aquariums umher und frißt, wenn er Störungen ausgesetzt ist, sein Gehege auf.

Eine besondere Anmerkung verdient hier die Tatsache, daß die Radiästhesie die Buche und die Linde als Strahlenflüchter aufzählt und die Eiche als Strahlensucher. Diese Kategorisierung deckt sich mit den Volksmundsprüchen, nach denen man „Buchen suchen" und „Linden finden" möge, wenn die Blitzwolken gefährlich über dem Land hängen, aber „Eichen weichen" soll. — Der Verfasser wird, man erlaube die Bemerkung, dies aber nicht überprüfen und die Begegnung weiter meiden.

Nach einem Forscher namens Deibel fährt der Blitz ausschließlich in Punkte, an denen sich Wasseradern mit größerem Tiefenunterschied kreuzen. Aber auch ohne dieses Argument ist eingedenk der bevorzugten Wachstumsorte der verschiedenen Bäume vorstellbar, daß der Blitz sie mag oder verschmäht, weil gewisse Bäume nasse, also leitende Flächen bevorzugen und andere wieder trockene, also schlecht leitende.

Das Jahreskalendarium der Bauernregeln

Jan. Jänner hell und weiß
macht den Sommer heiß
Jänner gelind
Lenz und Sommer stürmisch sind

Jan. Jänner warm
daß Gott erbarm'

Jan. Tanzen im Januar die Mucken
mußt du nach dem Futter gucken

Jan. Viel Regen im Januar
viel Eiszapfen im Mai

Jan. Ist der Januar naß
bleibt leer das Faß

Jan. Januarsonne
hat weder Kraft noch Wonne

Jan. So hoch der Schnee
so hoch das Gras

Jan. Wenn's im Januar donnert
überm Feld
so kommt später große Kält'

Jan. Kommt der Frost im Januar nicht
zeigt er im März sein Gesicht

Jan. Im Januar viel Regen und Schnee
tut Bergen, Tälern, Bäumen weh

In den ersten Januartagen gegen Abend geschlagenes Holz verwest nicht, wird nicht von Würmern gefressen und wird härter, je älter es wird. Ideal: alter Schein und Donnerstag (K)

Schweineschlachtung bei altem Schein: geräucherter Speck wird weder gelb noch wurmstichig (K)

Bei altem Schein Obstbäume und Ziersträucher beschneiden, Beerenobst- und Blütensträucher auslichten. Bei neuem Schein winterharte Blumen anbauen und in Frost stellen (K)

Jänner, hat 31 Tage.

Gesetzliche Feiertage: Am 1. und 6.

Die Symbole wurden mit Genehmigung des Verlages Leykam-Alpina GmbH vom Alten Bauernkalender entnommen.

WETTERREGELN		HOLZREGELN
Jan.	Wenn das Gras wächst im Januar wächst es schlecht das ganze Jahr	
Jan.	Werden die Tage länger wird der Winter strenger	
Jan.	Januar muß vor Kälte knacken wenn die Ernte soll gut sacken	
Jan.	Reichlich Schnee im Januar machet Dung fürs ganze Jahr	
1.1.	Morgenrot an Neujahrstag Unwetter bringt und große Plag	Neujahr nach Sonnenuntergang geschlagenes Holz springt nicht und reißt nicht (K)
1.1.	Wenn an Neujahr die Sonne lacht gibt's viel Fisch in Fluß und Bach (B)	
1.1.	Wenn's um Neujahr Regen gibt oft um Ostern Schnee noch stiebt	
2.1.	Wie das Wetter zu Makarius war wird's im September trüb oder klar (K)	
3.1.	3. Jänner Sonnenschein deutet auf viele und gefährliche Gewitter (B)	
4.1.	Titus	
6.1.	Heilige Drei Könige	

Tag nimmt zu so lang wie der Hahn kräht (K)

Neujahr,

Titus,

Tag nimmt zu so lang wie der Has' springt (K)

Die Symbole wurden mit Genehmigung des Verlages Leykam-Alpina GmbH vom Alten Bauernkalender entnommen.

	WETTERREGELN	HOLZREGELN
6.1.	Heilige drei König sonnig und still der Winter vor Ostern nicht weichen will (B)	
6.1.	Die heiligen drei König kommen oder gehen im Wasser (K)	
7.1.		Valentin geschlagenes Holz fault nicht bis auf den Jüngsten Tag (K)
8.1.	Erhard	
10.1.	Paul Eins.	
12.1.	Ernst	
17.1.	Wenn an Antoni die Luft ist recht klar so gibt es gern ein trockenes Jahr (B)	
20.1.		Fabian und Sebastian steigt der Saft den Baum hinan
20.1.		Nach Fabian und Sebastian Holz nur mehr an Lostagen fällen, da nicht mehr leer
20.1.		Schwendtag (K)
21.1.	Agnes	
22.1.	Vinzenz mit Sonnenschein bringt Fruchtbarkeit dem Korn und Wein (K)	

Tag nimmt zu um einen Teufelsschritt (K)

Hl. 3 K.,

Erhard,

Paul Einſ.,

Ernſt,

Anton Einſ.,

Sebaſtian,

Agnes,

Vinzenz,

	WETTERREGELN	HOLZREGELN
25.1.	Pauli klar ein gutes Jahr Pauli Regen schlechter Segen (B)	Pauli Bekehrung geschlagenes Holz fault nicht bis auf den Jüngsten Tag (K)
25.1.	Wenn's St. Pauli regnet oder schneit folget eine teure Zeit (B)	
25.1.	Pauli Bekehrung hell und klar hofft man auf ein gutes Jahr hat er Wind so regnet's gschwind (K)	
26.1.		Holz schlagen daß es nicht fault am 1. Tag nach Pauli Bekehrung (T)
27.1.		Holz schlagen daß es nicht fault am 2. Tag nach Pauli Bekehrung (K)
29.1.	Franz Sal.	
31.1.		31.1. und 1.2. Schwendtag, wenn der Mond abnimmt: Holzgewächse wachsen nicht nach und die Wurzel fault ab (K)
31.1.		31.1. bis 2.2. geschlagenes Holz bleibt haltbar, wurmt nicht, fault nicht und wird mit zunehmendem Alter immer härter

Pauli Bekehr.,

Chrysost.,

Franz Sal.

Feb. Wenn der Nordwind im Feber
nicht will
kommt er sicher im April (B)

Feb. Nimmt sich Hornung Schnee
und Eis
verdient der nächste Mai
den Preis (B)

Feb. Singt die Amsel im Februar
bekommen wir ein teures Jahr

Feb. Wenn's im Hornung nicht recht
wintert
kommt die Kälte zu Ostern

Feb. Friert es nicht im Hornung ein
wird's ein schlechtes Kornjahr sein

Feb. Im Feber zu viel Sonne im Baum
läßt dem Obst keinen Raum

Feb. Wenn im Hornung die Mucken
geigen
müssen sie im Märzen schweigen

Feb. Liegt im Februar die Katze
im Sonnenschein
muß sie im März untern Ofen
hinein

Feb. Läßt der Februar Wasser fallen
so läßt's der März gefrieren

Balkongewächse bei altem Schein zurückschneiden und wieder mehr wässern (K)

Bei neuem Schein Tomaten in Kisten säen und in der Wohnung aufstellen (K)

Februar, hat 28 Tage.

Die Symbole wurden mit Genehmigung des Verlages Leykam-Alpina GmbH vom Alten Bauernkalender entnommen.

Feb. Hornung warm
daß Gott erbarm'

Feb. Viel Regen im Hornung
viel Regen das ganze Jahr

Feb. Weißer Hornung stärkt die Felder

Feb. Rauher Nordwind im Februar
meldet an ein fruchtbar Jahr

Feb. Februar hell und klar
bringt ein gutes Roggenjahr
macht's der Feber aber getrost
bringt der März den Frost

Feb. Erste Hälfte Feber viel Kälte
und Stürme läßt hoffen, daß mit
Matthäus der Winter zu Ende
geht (K)

2.2. Ist's zu Lichtmeß hell und rein
wird ein langer Winter sein
Wenn es aber stürmt und schneit
ist der Frühling nimmer weit

Wenn's an Lichtmeß stürmt
und schneit
ist der Frühling nicht mehr weit
ist er aber klar und hell
kommt der Lenz wohl nicht so
schnell (B)

Maria Lichtmeß: Das Licht kündigt sich an

Tag nimmt zu um eine Stunde (K)

Lichtmeß klarer Sonnenschein deutet auf Fruchtbarkeit der Schafe

	WETTERREGELN	HOLZREGELN
2.2.	Sonnt der Dachs in der Lichtmeßwoche geht er vier Wochen wieder zu Loche	
2.2.	Lichtmeß hell und klar gibt es gutes Kornjahr; Lichtmeß trüb dem Bauern lieb	
2.2.	Lichtmeßtag die Sonne klar später Frost, kein fruchtbar Jahr	
2.2.	Lichtmeß im Klee Ostern im Schnee	
3.2.	Blasius stößt dem Winter die Hörndl ab (B)	
5.2.	Agatha Gottesbraut macht daß Schnee und Eis taut (K)	
6.2.	St. Dorothee bringt den meisten Schnee (B)	
10.2.		Holz schlagen, daß es nicht fault (T)
12.2.	St. Eulalia Sonnenschein beschert viel Obst und Wein (B)	Holz schlagen, daß es nicht fault (K)
14.2.	Ist's an Valentin noch weiß blüht zu Ostern schon das Reis (K)	Holz schlagen, daß es nicht fault (K)

Blasius,

Agatha,

Dorothea,

Scholast.,

Valentin,

Die Symbole wurden mit Genehmigung des Verlages Leykam-Alpina GmbH vom Alten Bauernkalender entnommen.

16.2. Juliana

17.2. Silvinus

20.2. Euchar.

22.2. Petri Stuhlfeier kalt
wird vierzig Tage alt (B)

22.2. Hat St. Peter das Wetter schön
soll man Kohl und Erbsen säen (B)

22.2. Schickt St. Peter Wind aus Ost
bringt der Winter noch starken Frost (B)

22.2. An Petri Thronfest kalt
hat der Winter noch lange Halt (K)

22.2. Nacht vor Petri Stuhlfeier
zeigt Wetter für 40 Tage an (K)

24.2. St. Matthais bricht's Eis
hat er keins so macht er eins

24.2. Nach Matthais
geht kein Fuchs mehr über's Eis

26.2. Walpurga

28.2. Leander

29.2. Roman

Heftige Nordwinde in den letzten Februartagen, verkünden ein fruchtbares Jahr (K)

Richtholz schlagen, daß es nicht wurmt (K)

In den letzten drei Februartagen bei abnehmendem Mond geschlagenes Holz kommt nicht mehr, es fault sogar die Wurzel (K)

Juliana,

Silvinus,

Euchar.,

Petri Stuhlf.,

Matthias,

Walpurga,

Leander,

Roman.

Die Symbole wurden mit Genehmigung des Verlages Leykam-Alpina GmbH vom Alten Bauernkalender entnommen.

WETTERREGELN

März So viel Nebel im März plagen
so viel Gewitter nach 100 Tagen

März Läßt der März sich trocken an
bringt er Brot für jedermann

März Dem Golde gleich ist Märzenstaub
er bringt uns Kraut und Gras
und Laub

März Märzenregen
bringt dem Sommer wenig Segen

März Märzenschnee
tut dem Samen weh (B)

März Ist es im März zu feucht
wird im Sommer das Brot
zu leicht (B)

März Der März soll wie ein Wolf
kommen
und wie ein Lamm gehen (B)

März Märzen Blüh' gar nicht gut (K)

März Nasser März
des Bauern Schmerz (K)

1.3. Albin

3.3. Kunigund' macht warm von
unt' (B)

HOLZREGELN

Bei zunehmendem Mond geschlagenes Holz brennt nicht (B)

Holz schlagen, daß es nicht brennt, am 1. Tag im März, wenn der Mond noch 48 Stunden abzunehmen hat (T)

Am 1. Märzfreitag nach Sonnenuntergang geschlagenes Holz springt nicht und reißt nicht (K)

Holz in den ersten 2 Tagen des März, wenn der Mond noch 3 Tage abzunehmen hat, schlagen: fault nicht (K)

geschlagenes Holz brennt nicht (K)

Guter Schwendtag: mit Hacke nur einmal einhacken oder zuschlagen nötig (K)

Drei Tage vor Neumond säe Erbsen, Bohnen und dergleichen: sie werden besser als sonst geraten (K)

Drei Tage vor Neumond Kronen von umgesetzten Bäumen stark zuschneiden (K)

März, hat 31 Tage.

Gesetzlicher Feiertag: Am 31.

Albin,

Kunigunde,

Die Symbole wurden mit Genehmigung des Verlages Leykam-Alpina GmbH vom Alten Bauernkalender entnommen.

3.3. Kunigund' macht Zwiebel rund

3.3. Wenn Kunigund' friert
man es noch 40 Tage spürt (B)

3.3. Ist Kunigunde tränenschwer
so bleiben leicht die Stadeln leer
(B)

7.3. Kälte am Siebten
läßt Nachwinter befürchten (K)

10.3. Friert's an 40 Ritter stark
friert's noch 40 Nächte recht arg
(B)

10.3. An 40 Märtyrer Blitz
künd't arge Sommerhitz (K)

12.3. Weht zu Gregori fest der Wind
geht er, wenn Georgi kimmt (B)

14.3. Trockene Fasten verkünden
gutes Jahr (K)

15.3. An Judika feucht
bleiben die Kornböden leicht
(K)

17.3. St. Gertraud sonnig
dem Gärtner wonnig (K)

40 Märtyrer,

Gregor,

Mathilde,

Gertrud,

St. Gertraud schließt den Garten auf, sie führt die Küh' zum Kraut, die Immen zum Flug, die Ross' zum Zug (B)

St. Gertraud schließt die Erde auf (K)

Die Symbole wurden mit Genehmigung des Verlages Leykam-Alpina GmbH vom Alten Bauernkalender entnommen.

19.3. Auf Joseph klar
folgt ein gutes Jahr

21.3. St. Benedikt

25.3. Maria Verkündigung hell und klar
deutet auf ein gutes Jahr (B)

25.3. Ist Maria schön und hell
gibt's viel Obst auf alle Fäll' (B)

27.3.

In den letzten 2 Märztagen, wenn der Mond noch 3 Tage abzunehmen hat, Holz schlagen: wurmt nicht, fault nicht, und wenn man daraus Laden macht, kommen weder Motten noch Würmer hinein (K)

HAUS-, GARTENREGELN

St. Benedikt macht Zwiebeln dick (K)

Willst Gerste, Erbsen, Zwiebeln dick
so säe sie an Benedikt (B)

Maria Verkündigung
kommen die Schwalben wiederum

Maria blast's Licht aus
und der Michael zünd't's wieder an (B)

Ist an Ruperti der Himmel rein
wird er's auch im Juli sein

SYMBOLE

Jos. Nährv.,

Benedikt,

Mariä Verkd.,

Die Symbole wurden mit Genehmigung des Verlages Leykam-Alpina GmbH vom Alten Bauernkalender entnommen.

Apr. Aprillen und Maien
einer muß schneien (B)

Apr. Märzenwind und Aprilregen
verheißen dem Mai einen
großen Segen (B)

Apr. Bald trüb und rauh
bald leicht und mild
ist im April das Lebensbild (B)

Apr. Nasser April
verspricht viel (B)

Apr. Donner im April
viel verkünden will (B)

Apr. Treibt's der April toll
wird die Tenne voll (B)

Apr. Ist der April trocken
muß das Wachstum stocken (B)

Apr. Trockener März und feuchter April
das ist nach des Bauern Will'

Apr. Aprilschnee düngt
Märzschnee frißt (K)

Apr. Aprillen Blüh'
halber gut (K)

April, hat 30 Tage.

WETTERREGELN		HOLZREGELN
1.4.		Guter Schwendtag: nur einmal hacken oder zuschlagen notwendig (K)
2.4.	Franz Paul	
3.4.	Bringt Richard Sturm und Wind ist Sybille recht gelind (B)	Judas: besonderer Schwendtag
4.4.	Oft schneit Ambrosius dem Bauern auf den Fuß (K)	
5.4.	Vinzenz Sonnenschein bringt viel Körner ein (B)	
7.4.	Hermann	
8.4.	Regnet's am 8. (Amantius), so folgt ein dürrer Sommer (K)	
10.4.		Schwendtag (K)
11.4.	Leo d. Gr.,	
12.4.	Julius	
14.4.	Tibertius kommt Sang und Schall kommen Kuckuck und Nachtigall (K)	
17.4.	Rudolf	
18.4.		Schwendtag (K)

An Franz und Paul
rühren die Frösche wieder das Maul (B)

Die Symbole wurden mit Genehmigung des Verlages Leykam-Alpina GmbH vom Alten Bauernkalender entnommen.

WETTERREGELN		HOLZREGELN
Ostern	Wenn es dem Herrgott auf's Grab regnet ist das ganze Jahr nicht gesegnet	
23.4.	Ist Georgi warm und schön wird man noch rauhes Wetter seh'n (B)	
23.4.	Regnet's an Georgitag dauert noch lange des Regens Plag (B)	
23.4.	Gewitter vor Georgitag folgt gewiß noch die Kälte nach (B)	
24.4.	St. Georg und Marks dräut uns oft viel Arg's (K)	
25.4.	Ist's vor Markus warm friert man nachher, daß Gott erbarm (B)	
25.4.	Friert's in der Markusnacht nicht schaden auch die Herbstfröste nicht	
25.4.	So lange es vor dem Markustag warm ist so lange ist es danach kalt (B)	
28.4.	Gefriert's auf St. Vital gefriert's noch 15 Mal (B)	
29.4.	Antonia	Hartholz noch vor Mai einschneiden. Bei abnehmendem Mond fällen

Anselm,

Zu St. Georg soll sich das Korn so recken
daß sich ein Rabe drin kann verstecken

Georg,

Sind die Reben um Georg noch blind
freuen sich Mann und Kind (K)

Markus Ev.,

Antonia.

Die Symbole wurden mit Genehmigung des Verlages Leykam-Alpina GmbH vom Alten Bauernkalender entnommen.

WETTERREGELN

Mai — Ein kühler Mai ist hochgeacht'
hat immer reiche Frucht
gebracht (B)

Mai — Gott mag uns trösten
vor Maienfrösten (B)

Mai — Ein Bienenschwarm im Mai
ist wert ein Fuder Heu (B)

Mai — Wenn im Mai die Bienen
schwärmen
so soll man vor Freude lärmen (B)

Mai — Nordwind im Mai
bringt Trockenheit herbei (B)

Mai — Steht im Mai der Wind aus Süden
ist uns bald Regen beschieden (B)

Mai — Ein rechter Mai fürwahr
ist der Schlüssel zum ganzen Jahr

Mai — Mai kühl und naß
füllt dem Bauern Scheun' und
Faß (B)

Mai — Der Mai zum Wonnemonat
erkoren
hat den Reif noch hinter den
Ohren

Mai — Ist im Maien zart das Gras
gibt es Milch ohn' Unterlaß

HOLZREGELN

In den ersten vier Tagen des Mai be altem Schein Holz schlagen: wurm nicht und fault nicht

Mai, hat 31 Tage.

Gesetzliche Feiertage: Am 1., 8., 19. und 29.

Die Symbole wurden mit Genehmigung des Verlages Leykam-Alpina GmbH vom Alten Bauernkalender entnommen.

	WETTERREGELN		HOLZREGELN	
Mai	Maienregen auf Saaten regnet es Dukaten			
Mai	Ein Gewitter im Mai singt der Bauer Juchhei	(B)		
Mai	Ist der Mai recht warm und trocken kriegt der Bauer kleine Brocken ist er aber feucht und kühl dann gibt's Frucht und Futter viel	(B)		
Mai	Maien Blüh gar gut	(K)		
1.5.	Regen in der Walpurgisnacht hat Keller und Tenn' stets voll gemacht			
4.5.	Der Florian noch einen Schneehut setzen kann	(K)		
7.5. und 8.5.			Schwendtage	(K)
11.5.	Der heilige Mamerz hat von Eis ein Herz	(B)		
11.5.	Regen am Philippi- und Jakobitag deutet auf ein fruchtbares Jahr			

Phil. u. Jakob,

Florian,

	WETTERREGELN		HOLZREGELN	
12.5.	Pankraz hält den Nacken steif sein Harnisch klirrt von Frost und Reif			
12.5.	Prankraz ohne Regen folgt großer Weinsegen	(K)		
13.5.	Servatius toller Ostwind ist hat schon manch Blümlein totgeküßt	(B)		
13.5.	Vor Servaz kein Sommer nach Servaz kein Frost	(K)		
14.5.	Pankrazi, Servazi, Bonifazi sind drei frostige Stazi und zum Schluß noch die kalte Sophie	(B)		
15.5.	(nach den drei Eisheiligen) reitet die Sophie mit dem kalten Arsch	(K)		
Mai	Viel Regen in der 2. Hälfte Mai verdirbt's Heu	(K)		
16.5.	Joh. Nepomuk			
17.5.			Schwendtag	(K)
23.5.	Johanna			

Pankrat.,

Servat.,

2. Hälfte Mai: Schafschur

Joh. Nep.,

Johanna,

Die Symbole wurden mit Genehmigung des Verlages Leykam-Alpina GmbH vom Alten Bauernkalender entnommen.

25.5. Scheint die Sonne am Urbanitag
wächst gut Wein nach alter Sag' (B)

25.5 Die Witterung an St. Urban
zeigt des Herbstes Wetter an (B)

25.5. Ist Urbani rein
gibt's viel Korn und Wein (K)

25.5. Tut der Urban weine
gibt's der Trauben keine (K)

30.5. Ferdinand

31.5. Wie das Wetter an Himmelfahrt
so der ganze Herbst sein mag (B)

31.5. Wenn's an Christi Himmelfahrt näßt
bleibt 40 Tage ein Rest (B)

31.5. Auf Petronellen Regen
wird sich der Haber legen (B)

Urban, Hl.Dreif.,

Ferdin.,

Angela.

Zum Maienschluß blühende Eichen
sind für die Apfelernte ein gut Zeichen
(B)

WETTERREGELN		HOLZREGELN
Juni	Auf den Juni kommt es an ob die Ernte soll bestahn (B)	Erst ab Juni Brennholz schlagen, nicht früher (K)
Juni	Was im September soll geraten soll bereits der Juni braten	Im Mai und bis 22.6. Buche und Kiefer fällen, sind dann trocken
Juni	Viermal Juniregen bringt zwölffachen Segen	Für Bauten im Wasser vollsaftiges Holz schlagen bei zunehmendem Mond, sofort einbauen (K)
Juni	Juni feucht und warm macht den Bauer nicht arm	
Juni	Wenn naß und kalt der Juni war verdirbt er meist das ganze Jahr	
Juni	Menschen und Juniwind ändern sich geschwind (K)	
Juni	Gibt's im Juni Donnerwetter wird's Getreide immer fetter	
Juni	Brachmond dürr nicht gerne haben wir Brachmond naß leert Scheune und Faß aber zu Zeiten ein Regen bringt Segen (K)	
1.6.		Schwendtag (K)
2.6.	Erasmus	
6.6.		Schwendtag (K)

Juni, hat 30 Tage.

Erasmus,

Norbert, H.J.F.,

Die Symbole wurden mit Genehmigung des Verlages Leykam-Alpina GmbH vom Alten Bauernkalender entnommen.

8.6. Wie's wittert am Medardustag
bleibt's vier Wochen lang danach
(B)

8.6. Hat Medardus am Regen Behagen
will er ihn auch in die Ernte
jagen (B)

8.6. Wer Medardi baut
erntet viel Flachs und Kraut (B)

8.6. Regnet's am Medardustag
regnet's noch 40 Tage danach
(K)

10.6. Hat Margrit keinen Sonnenschein
dann kommt das Heu nie
trocken rein (K)

11.6. An Barnabas Regen
viel Traubensegen (K)

13.6. Regnet's am Antoniustag
wird's Wetter später wie es mag
(B)

14.6. Basilius

15.6. Regen am Veitstag
Gerste nicht vertragen mag (B)

15.6. Nach St. Veit ändert sich die Zeit
und die Blätter wenden sich
auf die Seit'

Medardi,

Prim.,

An Antonia ist gute F ichssaat
(B)

Anton v. P.,

Basilius,

Vitus,

Die Symbole wurden mit Genehmigung des Verlages Leykam-Alpina GmbH vom Alten Bauernkalender entnommen.

	WETTERREGELN	HOLZREGELN
15.6.	St. Vit bringt Fliegen mit	
17.6.		Schwendtag (K)
18.6.		Drei Tage vor der Sommersonnenwende ausgerissene Stauden, Weiden und Unkraut wachsen nicht mehr nach (K)
21.6.	Vor Sonnwend bitt' um Regen nachher kommt er ungelegen	
22.6.		Holz schlagen, daß es nicht nachwächst (T)
24.6.	Vor Johanni bet um Regen später kommt er ungelegen (B)	Holz schlagen, daß es nicht reißt, zwischen 11 und 12 Uhr mittags (K)
24.6.	Vor Johannestag keine Gerste man loben mag (K)	
25.6.		Am dritten Tag nach Sommersonnenwende schwenden: Staude dürrt aus (K)
27.6.	Regnet's am Siebenschläfertag der Regen sieben Wochen nicht weichen mag (B)	
27.6.	Ist der Siebenschläfer naß regnet's weiter ohn' Unterlaß (K)	

Alois,

Johann.d.T.,

Prosper,

Leo II.,

Die Symbole wurden mit Genehmigung des Verlages Leykam-Alpina GmbH vom Alten Bauernkalender entnommen.

29.6. Ist St. Pauli klar
gibt's ein recht gut's Jahr

29.6. Schön zu Paul
füllt Taschen und Maul (B)

29.6. Peters Tränen
stehlen dem Jahr den Segen (B)

29.6. Am 180. Tag des Jahres Holz
schlagen,
daß es nicht nachwächst (K)

Peter u. Paul.

	WETTERREGELN	HOLZREGELN
Juli	Juli schön und klar gibt ein schönes Bauernjahr Juli Sonnenbrand gut für Leut und Land (B)	
Juli	Juli gut Ernte gut	
Juli	Wenn's nicht donnert und blitzt wenn der Schnitter nicht schwitzt und der Regen dauert lang wird's dem Bauern angst und bang (B)	
Juli	Was Juli und August nicht kocht kann der September nicht braten (K)	
Juli	So golden die Sonne im Juli strahlt so golden sich der Roggen mahlt (K)	
Juli	Juliregen schmälert den Erntesegen	
1.7.		geschlagenes Holz fault nicht bis auf den Jüngsten Tag (K)
2.7.	Geht Maria übers Gebirge naß regnet's 40 Tage ohne Unterlaß (B)	
2.7.	Maria Heimsuchung wird bestellt wie's Wetter 40 Tage sich hält (B)	
2.7.	Maria Heimsuchung wird bestellt wie's Wetter sich 10 Tage hält (K)	

Juli, hat 31 Tage.

Mariä Heimſ.,

Die Symbole wurden mit Genehmigung des Verlages Leykam-Alpina GmbH vom Alten Bauernkalender entnommen.

	WETTERREGELN	HOLZREGELN
4.7.	Regen an Ulrich macht Nüsse und Obst wurmstichig (K)	
8.7.		Schwendtag: Stauden schief anhacken, dann verfault der Stock innerhalb eines Jahres (K)
10.7.	Regnet's an Siebenbrüdertag gibt's sieben Wochen Regenplag (B)	
11.7.		Schwendtag (K)
14.7.	Bonavent.	
17.7.	Alexius	
18.7.	Friedrich	
20.7.	Margarethenregen bringt keinen Segen (B)	Am Margarethenabend geschlagenes Holz zerkliebt nicht, egal ob der Mond zu- oder abnimmt (K)
20.7.	Margarethenregen wird erst nach Monatsfrist sich legen (K)	
21.7.		Schwendtag: bohrt man einen Baum bis an den Kern an, so dörrt er ab (K)
22.7.	Regnet's am Magdalenentag folgt gewiß mehr Regen nach (B)	
23.7.	bis 23. 8. Hundstage: Hundstage voll Sonnenschein bringen rasch die Ernte ein Wenn aber Regen sie bereiten kommen nicht die besten Zeiten (B)	

HAUS-, GARTENREGELN **SYMBOLE**

Ulrich,

Kilian,

Anaklet.,

Bonavent.,

Alexius,

Friedrich,

Margareta,

Magdal.,

Hdst.-A.,

Wie die Hundstage hingehen
so gehen sie auch aus (B)

Was die Hundstage gießen
muß die Traube büßen (B)

Hundstage hell und klar
zeigen an ein gutes Jahr
Wenn Regen sie bereiten
kommen nicht die besten Zeiten
(B)

25.7. Ist Jakobi dürr
geht der Winter ins Geschirr (B)

25.7. Bläst Jakob weiße Wolken in die
Höh'
sind's Winterblüh zu recht viel
Schnee (B)

25.7. Jakobi ohne Regen
deutet auf strengen Winter
Drei Tage vorher Regen
läßt schlechte Kornernte
befürchten (K)

25.7. Jakob klar und rein
wird das Christfest frostig sein
(K)

26.7. Annatag Sonnenschein
segnet Korn und Wein (K)

Hdst.-E.,

Jakob,

Anna Maria,

Werfen die Ameisen am Annatag höher
auf
folgt ein harter Winter drauf (B)

Die Symbole wurden mit Genehmigung des Verlages Leykam-Alpina GmbH vom Alten Bauernkalender entnommen.

	WETTERREGELN	HOLZREGELN
26.7.		
30.7.		Schwendtag: Holz schlagen, daß es nicht nachwächst (T) Stauden schief anhacken, dann verfault Stock innerhalb eines Jahres (B)
31.7.	Wie das Wetter an Ignaz so auch im Januar (B)	

Ist St. Anna vorbei
gehen die kühlen Morgen an (B)

Ignaz.,

Ignatius macht das Türl zu (B)

WETTERREGELN			HOLZREGELN
Aug.	Je mehr Regen im August je weniger Wein	(B)	Buche im 1. Mondviertel bis Dominikus geschlägert und im Laub liegengelassen, kann schon im kommenden Winter geheizt werden (K)
Aug.	Nasser August bringt teure Kost	(B)	
Aug.	Sonnenjahr Wonnenjahr, Kotjahr Notjahr	(B)	
Aug.	Der Sonne im August ist nicht zu trauen	(B)	
Aug.	Anfang August heiß Winter lang und weiß	(B)	
Aug.	Tau im August ist Not wie jedem sein täglich Brot		
Aug.	Nordwinde im August bringen beständiges Wetter		
Aug.	Wenn im August der Kuckuck noch schreit so gibt's im Winter teure Zeit	(B)	
Aug.	Was der August nicht kocht läßt der September ungeraten	(K)	
Aug.	Wie das Wetter am 1. Dienstag im August, so ist es den ganzen Monat	(B)	
Aug.	August ohne Feuer macht Brot teuer	(K)	

August, hat 31 Tage.

Gesetzlicher Feiertag: Am 15.

	WETTERREGELN	HOLZREGELN
1.8.		Schwendtag (besonderer): An Luzifer bohre den Baum bis auf den Kern an, dann dorrt er ab (K)
1.8.		Unerwünschte Gewächse nur einmal anhacken, dorren ab (K)
3.8.		Holz schlagen, daß es nicht nachwächst (T)
4.8.	Hitze an Dominikus strenger Winter folgen muß (B)	
10.8.	Ist Laurenzi und Bartholomä schön und heiter, folgt ein schöner Herbst (K)	Nach Laurentius wächst Holz nicht mehr, sondern zeitigt (reift) (K)
10.8.	Der Laurenz schlägt den Störchen auf die Schwänz' (K)	
10.8.	St. Laurentius kommt in finstrer Nacht ganz sicher mit Sternschuppenpracht (B)	
10.8.	Viele Sternschnuppen künden Regen und Wind (B)	
10.8.	Regnet's am Laurenzitag gibt es große Mäuseplag (B)	
10.8.	St. Lorenz mit heißem Hauch füllt dem Winzer Faß und Schlauch (B)	

Petri Kf.,

Portiunk.,

Dominik,

Oswald,

Afra,

Laurent.,

Die Symbole wurden mit Genehmigung des Verlages Leykam-Alpina GmbH vom Alten Bauernkalender entnommen.

	WETTERREGELN	HOLZREGELN
10.8.	Laurentius heiter und gut einen schönen Herbst verheißen tut	
13.8.	Wie das Wetter zu Kassian hält es viele Tage an (K)	
15.8.	Maria Himmelfahrt schön und rein bringt meistens viel und guten Wein (K)	
16.8.	Rochus, Joachim	
17.8.		Besonderer Schwendtag: Unerwünschtes Holz nur einmal anhacken, dann fault die Wurzel ab (K)
20.8.		Schwendtag (K)
20.8.		Ab 20.8. bei altem Schein geschlagenes Holz fault nicht (K)
21.8.		Schwendtag (K)
24.8.	Bleiben die Störche an St. Bartholomä so tut der kommende Winter nicht weh (B)	
24.8.	Barthel hat das Wetter parat für den Herbst bis hin zur Saat (B)	

Um Maria Himmelfahrt, das wisse,
gibt es schon die ersten Nüsse (B)

M. Hmlf.,

Rochus, Joachim,

Bernh.,

Barth.,

Die Symbole wurden mit Genehmigung des Verlages Leykam-Alpina GmbH vom Alten Bauernkalender entnommen.

24.8. Regnet's zu Barthel auf den Hut
wird der Herbst trocken und gut
(B)

24.8. St. Bartholomä kennt niemals Not
der Bauer bacht schon frisches
Brot (B)

24.8. Bleibt Barthel im Regen stehn
ist gute Ernte im Herbst
vorauszusehn (B)

24.8. Wenn die Schwalben jetzt schon
ziehen
sie vor großer Kälte fliehen (B)

24.8. Laurenzi und Barthel schön und
heiter
folgt schöner Herbst (K)

25.8. Ludwig

28.8. Auf St. Augustin
ziehen die heißen Tage dahin

28.8. Augustin
ziehen die Wetter dahin (K)

Ludw.,

Augustin,

Joh. Enth.

Die Symbole wurden mit Genehmigung des Verlages Leykam-Alpina GmbH vom Alten Bauernkalender entnommen.

Sept. Septemberwetter warm und klar
verheißt ein gutes nächstes Jahr
(B)

Sept. Septemberregen
kommt der Saat gelegen (B)

Sept. Frische Septemberluft
den Jäger zum Jagen ruft (B)

Sept. Gewittert's im September noch
liegt im März der Schnee noch
hoch (K)

1.9. Wenn St. Aegidius bläst ins Horn
so heißt es: Bauer, sä dein Korn
(B)

1.9. Willst du Korn im Überfluß
so sä' es an Ägidius
Wenn du's säst ins freie Land
vor und nach des Neumonds
Stand
wächst kein Unkraut und kein
Brand (B)

1.9. Ist Ädigius ein heller Tag
ich dir schönen Herbst aussag'
(K)

1.9. Gib auf Ägiditag wohl acht
er sagt dir was der Monat macht
(B)

Willst du aufs Wetter im kommenden
Jahr achten
mußt du im September die Eichäpfel
betrachten:
Haben sie Maden wird's Jahr nicht
geraten,
haben sie Fliegen, wirst ein Mitteljahr
kriegen,
haben sie Spinnen, wird ein schlecht's
Jahr beginnen,
sind sie innerlich trocken, wächst im
Sommer viel Weizen und Roggen,
so sie aber naß befunden, tun sie
nassen Sommer kunden,
sind die Eicheln viel und früh, bringt
der Winter Kält' und Müh'! (B)

Wenn im September viel Spinnen
kriechen
sie einen harten Winter riechen (B)

September, hat 30 Tage.

Agidi,

Die Symbole wurden mit Genehmigung des Verlages Leykam-Alpina GmbH vom Alten Bauernkalender entnommen.

1.9. Komm Ägid mit dem Krüglein àn
zeigt einen nassen Herbst dies an
(B)

1.9. Ägidius geschlagenes Holz
fault nicht bis zum Jüngsten Tag
(K)

2.9. Stephan

4.9. Rosalia

7.9. Ist Regine warm und wonnig
bleibt das Wetter lange sonnig
(B)

8.9. Wenn's zu Maria Geburt nicht regnet
bleibt des Bauern Tisch gesegnet
(B)

8.9. Wie's Wetter an Maria Geburt
so bleibt's noch vier Wochen furt
(B)

8.9. Wie Maria Geburt
so soll es acht Wochen sein (K)

9.9. St. Gorgon
treibt die Lerchen davon (B)

10.9. — Holzregeln: Schwendtag (K)

11.9. Felix u. R.

Um Vollmond Obstbäume pflanzen (K)

Wenn die Bienen ihre Stöck' früh
verkitten
kommt ein harter Winter geritten (B)

An Maria Geburt
nehmen die Schwalben den Reisegurt
(B)

An Maria Geburt
ziehen die Schwalben furt (K)

Stephan,

Rosalia,

Regina,

M. Geburt,

Fel. u. R.,

Die Symbole wurden mit Genehmigung des Verlages Leykam-Alpina GmbH vom Alten Bauernkalender entnommen.

	WETTERREGELN	HOLZREGELN
14.9.	Ist's hell an Kreuzerhöhungstag so folgt ein strenger Winter nach (B)	
15.9.		Schwendtag (K)
16.9.	Ludmilla, das fromme Kind bringt viel Regen mit und Wind (K)	
17.9.	Trocken wird das Frühjahr sein ist St. Lambert klar und rein (B)	Im dritten Viertel des Septembermondes Holz schlagen, daß es nicht schwindet (K)
18.9.		Schwendtag (K) Am dritten Tag im Herbst, wenn der Tag abnimmt und der Mond übers 4. Viertel aufnimmt, Holz schlagen, daß es nicht schwindet (T)
21.9.	Wie's der Matthäus treibt es vier Wochen bleibt (K)	
21.9.	Tritt Matthä stürmisch ein wird's bis Ostern Winter sein (B)	
23.9.	Ist Mauritius ein klarer Tag der Winter drauf viel stürmen mag (B)	

†. Erhöh.,

Ludm.,

Lamberti nimm die Kartoffeln heraus
doch breite ihr Kraut auf dem Felde aus,
der Boden will für seine Gaben
doch ihr Gerippe wiederhaben (B)

Späte Rosen im Garten
der Winter läßt warten (B)

Matth.,

Matthies macht die Birnen süß (B)

Matthäus packt die Birnen ein (B)

Tritt Matthäus ein
muß die Saat beendet sein (B)

Thekla,

Die Symbole wurden mit Genehmigung des Verlages Leykam-Alpina GmbH vom Alten Bauernkalender entnommen.

	WETTERREGELN	HOLZREGELN
25.9.	Regnet's und nebelt's an Kleophas ist der ganze Winter naß (B)	
		Am 3. Tag am Herbst, wenn der Tag abnimmt, kurz nach Vollmond schlagen, daß es nicht schwindet (K)
27.9.		Kosmas und Damian zünden die Lichter wieder an
28.9.	So viel Fröste vor Wenzeslaus so viele nach Philippi-Jakobi (B)	
29.9.	So viel Reif und Fröste vor Michaelis so viele nach Walpurgis (B)	
29.9.	Der St. Michaels Wein wird den Herren willkommen sein (B)	
29.9.	Bringt St. Michael Regen kann man im Winter Pelz anlegen (K)	
29.9.	Kommt der Michael heiter und schön wird's vier Wochen so weiter geh'n (K)	
30.9.		Schwendtag (K)

Wenn die Zugvögel nicht ziehen vor
Michaeli
wird es nicht Winter vor Weihnachten
(B)

Sind die Zugvögel Michaeli noch hier
steht kein harter Winter vor der Tür
(B)

Fallen die Eicheln vor Michaelis ab
so steigt der Sommer früh ins Grab
(B)

Michael E.,

Hieron.

Die Symbole wurden mit Genehmigung des Verlages Leykam-Alpina GmbH vom Alten Bauernkalender entnommen.

WETTERREGELN

Okt. Hält der Oktober das Laub
lange fest
so sorge ja für ein warmes Nest
(B)

Okt. Im Oktober der Nebel viel
bringt der Winter Flockenspiel
(B)

Okt. Oktobergewitter sagen beständig
der künftige Winter sei wetter-
wendig

Okt. Gewitter im Oktober künden
daß du wirst nassen Winter finden

Okt. Oktobermuck'
bringt keinen Sommer z'ruck

Okt. Ist der Weinmond warm und fein
kommt scharfer Winter hinterdrein

Okt. Wie im Oktober die Regen hausen
so im Dezember die Stürme brausen

Okt. Ein Oktoberhimmel voll Stern'
hat warme Ofen gern

Okt. Oktoberwetter zeigt stets an
wie's künftig um den März wird
stahn (B)

HOLZREGELN

Im Oktober im 1. Viertel des zunehmenden Mondes Brennholz schlagen, daß es gut nachwächst (K)

Bei Neumond im Zeichen Waage geschlagenes Holz brennt nicht (K)

Holz schlagen, daß es nicht aufgeht am 1. und 2. Tag nach Neumond (K)

Im ersten Mondviertel geschlagenes Brennholz brennt gut, wächst gut nach (K)

Scharren die Mäuse tief sich ein
wird's ein harter Winter sein
Doch viel härter noch
bauen die Ameisen hoch

Wenn rauh und dick das Hasen Fell
dann sorg für Ofenfutter schnell

Oktober, hat 31 Tage.

Gesetzlicher Feiertag: Am 26.

Die Symbole wurden mit Genehmigung des Verlages Leykam-Alpina GmbH vom Alten Bauernkalender entnommen.

	WETTERREGELN	HOLZREGELN
Okt.	Wenn's im Oktober friert und schneit bringt der Winter milde Zeit (B)	
Okt.	Bringt der Oktober Schnee und Eis ist's schwerlich im Januar kalt und weiß	
Okt.	Wenn Frost und Schnee im Oktober war so folgt ein linder Januar (B)	
Okt.	Schneit's im Oktober gleich wird der Winter lind und weich	
Okt.	Mengt der Oktober sich in den Winter so ist dann dieser umso gelinder (B)	
Okt.	Hält der Oktober das Laub wirbelt zu Weihnachten der Staub (B)	
2.10.	Fällt das Laub auf Leodegar so ist das nächste ein fruchtbar Jahr (B)	
3.10.		Holz schwenden, daß die Staude dürr wird (B)
4.10.	Franz v. A.	
6.10.		Schwendtag (K)

Die Symbole wurden mit Genehmigung des Verlages Leykam-Alpina GmbH vom Alten Bauernkalender entnommen.

WETTERREGELN		HOLZREGELN
7.10.	Rosenkranzfest	
9.10.	Regnet's an St. Dionys so regnet's den ganzen Winter gewiß (B)	
11.10.	St. Burkhardi Sonnenschein schüttet Zucker in den Wein (B)	
15.10.	Hedwig und Galle machen das schöne Wetter alle (B)	
16.10.	Ist St. Gallus nicht trocken folgt ein Sommer mit nassen Socken (B)	
16.10.	Regnet's an St. Gallentag nasser Frühling folgen mag (B)	
16.10.	St. Gall der erste Schneefall (B)	
17.10.		Schwendtag (K)
18.10.		Besonderer Schwendtag: Holz nur einmal anhacken, dann fault die Wurzel ab (K)
21.10.	St. Ursulas Beginn zeigt auf den Winter hin	

Rosenkrzf.,

Dionys.,

Kolom.,

Theresia,

Auf St. Gallus die Kuh in den Stall
muß

Gallus,

St. Gallen
muß der Apfel fallen

St. Lukas soll das Winterkorn
schon in den Stoppeln sein (K)

Lukas Ev.,

Ursula,

Die Symbole wurden mit Genehmigung des Verlages Leykam-Alpina GmbH vom Alten Bauernkalender entnommen.

23.10. Wenn's St. Severin gefällt
bringt er mit die erste Kält' (B)

28.10. Simon und Juda die zwei
führen oft Schnee herbei (B)

28.10. Ist Simon und Juda kein Wind
und Regen da
so bringt ihn erst Cäcilia (B)

31.10. An Wolfgang Regen
verspricht ein Jahr voll Segen (K)

Joh. Kap.,

Sim. u. J.,

Wolfgang.

Die Symbole wurden mit Genehmigung des Verlages Leykam-Alpina GmbH vom Alten Bauernkalender entnommen.

Nov. Sitzt im November noch fest
das Laub
kommt ein harter Winter, das
glaub' (B)

Nov. Blühen im Winter die Blumen
aufs neu
dauert der Winter bis Mai (B)

Nov. Wenn im November Donner grollt
wird dem Getreide Lob gezollt
(B)

Nov. Novemberdonner schafft guten
Sommer

Nov. Tritt der November auch oft sehr
hart ein
es braucht nicht viel dahinter sein
(B)

Nov. Friert im November früh das
Wasser
dann wird der Januar umso
nasser (B)

Nov. Wenn im November die Sterne
stark leuchten
bedeutet dies Kälte

Nov. Ist im November viel naß auf
der Wiese
ist im nächsten Sommer viel Gras

Ist zu Monatsbeginn das Holz noch im Saft siegt Regen über der Sonne Kraft. Ist aber das Holz starr und fest große Kälte sich erwarten läßt (B)

Holz schlagen, daß es nicht aufgeht, am 1. und 2. Tag nach Neumond, am besten, wenn Freitag einfällt (K)

November, hat 30 Tage.

Gesetzlicher Feiertag: Am 1.

WETTERREGELN			HOLZREGELN	
Nov.	November hell und klar ist übel für das nächste Jahr	(B)		
Nov.	Wenn's im November schneit hat's der Winter verkalbt	(K)		
1.11.	Allerheiligen feucht hofft viel Schnee	(K)	Schwendtag	(K)
2.11.	Allerseelen			
4.11.	Karl B.			
6.11.	Leonhard		Schwendtag	(K)
8.11.	Gottfried			
10.11.	Andreas Schnee tut dem Korne weh	(K)	Schwendtag	(K)

An Allerheiligen geh in den Wald,
nimm von der Buche einen Span, dann
siehst du sofort, ob der Winter warm
wird oder kalt:
Ist der Span trucken
wird ein warmer Winter anrucken,
ist er aber naß genommen
wird ein kalter Winter kommen (B)

Ist auf Allerheiligen der Buchenspan
trocken
wird man den ganzen Winter hinterm
Ofen hocken,
ist der Span aber naß und nicht leicht,
wird der Winter recht feucht (B)

Allerheil.,

Allerseel.,

Karl B.,

Leonhard,

Gottfr.,

Die Symbole wurden mit Genehmigung des Verlages Leykam-Alpina GmbH vom Alten Bauernkalender entnommen.

11.11. Hat Martin einen weißen Bart
wird der Winter lang und hart
zeigt er aber ein bewölktes Gesicht
ist nasse Witterung in Sicht (B)

11.11. Wenn die Martinsgans auf dem Eise steht
das Christkindlein im Schmutze steht (B)

11.11. Bringt Allerheiligen den Winter
dann zieht der Martl noch nicht den Pelz an (B)

11.11. Ist der Martin hell
kommt der Winter schnell (B)

11.11. An Martini Sonnenschein
tritt ein kalter Winter ein (B)

11.11. Wolken am Martinitag
der Winter unbeständig werden mag (K)

11.11. Kommt der Martin am Schimmel geritten
braucht man nicht um Schnee zu bitten (K)

Von Mitte November bis 22.12. Holz fällen, damit es dauerhaft wird (K)

19.11. St. Elisabeth sag an
was der Winter für ein Mann

Schwendtag (K)

Der heilige Martin braucht Feuer im Kamin und setzt sich mit Dank auf die Ofenbank (B)

Martin,

Kunib., Stanisl., Leopold, Elisabeth,

Die Symbole wurden mit Genehmigung des Verlages Leykam-Alpina GmbH vom Alten Bauernkalender entnommen.

21.11. Maria Opferung trüb und naß
ist auf den Winter kein Verlaß
ist es aber klar und hell
kommt er als eisiger Gesell' (B)

22.11. Cäcilia

25.11. St. Kathrein
hat den Winter im Schrein (B)

25.11. Wie St. Kathrein trüb oder rein
wird der nächste Hornung sein
(B)

25.11. Wie Kathrein
wird der Jänner sein (K)

30.11. Andreas klar
bringt gutes Jahr (B)

30.11. Andreas Schnee
tut Korn und Weizen weh
und treibt die Preise in die Höh'
(B)

30.11. Schnee, der bei Sonnenschein
versinkt
eben so viel Nutzen bringt
als wenn man nochmals düngt
(B)

Holz fällen, das leicht und dauerhaft sein soll, am besten bei abnehmendem Mond im Zeichen Löwe oder Skorpion. Wenn nicht am Clemenstag (23.11.), dann auf jeden Fall vor Wintersonnenwende

Schweineschlachten bei altem Schein im November

Mariä Opf.,

Cäcilia,

Kathrein stellt den Tanz ein

Kathar.,

Die Symbole wurden mit Genehmigung des Verlages Leykam-Alpina GmbH vom Alten Bauernkalender entnommen.

	WETTERREGELN	HOLZREGELN
Dez.	Wie der Dezember so der Lenz (B)	Christbäume im zunehmenden Mond fällen
Dez.	Donnert's im Dezember gar bringt viel Wind das nächste Jahr (B)	
Dez.	Bringt der Dezember Eis und Schnee wächst das Korn auf jede Höh' Bleibt der Winter fern so nachwintert's gern (B)	
Dez.	Herrscht im Advent recht strenge Kält' sie volle 18 Wochen hält (B)	
Dez.	Dezember veränderlich und lind der ganze Winter ein Kind (B)	
Dez.	In der ersten Adventwoche klares, strenges Wetter soll 8 Wochen anhalten (K)	
1.12.		(Sodom und Gomorrha): Besonderer Schwendtag. Einmal anhacken genügt, Wurzel fault ab (K)
3.12.	Franz X.	
4.12.	Auf Barbara die Sonne weicht auf Luzia sie wieder herschleicht (K)	

Der Frost soll klirren
dann macht der Sommer keine Wirren
(B)

Kalter Dezember und fruchtbar Jahr
sind vereinigt immerdar (B)

Im Dezember Frost, im Januar Kälte
und im Februar wieder Frost
ist halber Dünger (B)

Wenn im Dezember der Wein trocken einfriert,
kann er mehr Kälte ertragen als die Fichte (K)

Christmonat, hat 31 Tage.

Gesetzliche Feiertage: Am 8., 25. und 26.

Eligius,

Franz X.,

Barb.,

Die Symbole wurden mit Genehmigung des Verlages Leykam-Alpina GmbH vom Alten Bauernkalender entnommen.

WETTERREGELN		HOLZREGELN
6.12.	Regnet's an St. Nikolaus wird der Winter streng und kraus (B)	Schwendtag (K) Fließt an Ruprecht noch Birkensaft kriegt der Winter keine Kraft (K)
7.12.	Ambrosius	
8.12.	Mariä Empfängnis	
11.12.		Schwendtag (K)
13.12.		Schwendtag (K)
21.12.		In den darauffolgenden Tagen günstigste Zeit zum Fällen fast aller Nutzhölzer, Tiefstand des Saftes in den Nutzhölzern, Höchststand in Buche und Kiefer
21.12.		Beim letzten alten Schein geschlagenes Holz widersteht dem Feuer (K)
21.12.		Nach der Wintersonnenwende Holz, das dauerhaft sein soll, nur bei abnehmendem Mond schlagen. Nicht gute Zeichen sind Krebs, Schütze, Skorpion, Fische
24.12.	Liegen Adam und Eva im Klee so liegen sie Ostern im Schnee (B)	

St. Nikolaus spült Ufer aus (B)

Nikol.,

Ambros,

M. Empf.,

Luzia u. Ottilia,

An St. Luzia ist der Morgen
dem Abend nah

Thomas,

Die Symbole wurden mit Genehmigung des Verlages Leykam-Alpina GmbH vom Alten Bauernkalender entnommen.

24.12. Hängt Weihnachten Eis an den
Weiden
kannst du Ostern Palmen
schneiden (B)

24.12. Wie das Wetter zu Adam und Eva
so ist es bis Ende März (K)

Von 24.12. an: 12 heilige Nächte, von Christtag bis Hlg. Drei König. Das Wetter beobachten:

Wetter im letzten Tagesviertel ist wie Wetter im 1. Januarviertel
1. Tagesviertel = 2. Januarviertel
2. Tagesviertel = 3. Januarviertel
3. Tagesviertel = 4. Januarviertel
und so weiter; jedes Tagesviertel steht für ein Monatsviertel des nächsten Jahres

25.12. Stürmt es am 25., gibt es
viel Obst im nächsten Jahr (K)

26.12. Stephan

27.12.

Nach Johannes und vor Luzie geschlagenes Holz ist sehr dauerhaft und bleibt ungezieferfrei

28.12. Unschuldige Kinder

Christtag,

Stephan,

Joh. Ev.,

U.K.,

Die Symbole wurden mit Genehmigung des Verlages Leykam-Alpina GmbH vom Alten Bauernkalender entnommen.

	WETTERREGELN	HOLZREGELN
29.12.		In den letzten Dezembertagen nach Sonnenuntergang geschlagenes Holz springt nicht und reißt nicht (K)
30.12.		In den letzten 2 Tagen des Christmonats abends geschlagenes Holz verwest nicht, wird nicht von Würmern gefressen und wird härter, je älter es wird. Ideal bei altem Schein und Donnerstag
31.12.	In Sylvesternacht Wind, früh Sonnenschein, bringt selten guten Wein (K)	Sylvester geschlagenes Holz schwindet kaum (K)

David,

Silvester.

Die Symbole wurden mit Genehmigung des Verlages Leykam-Alpina GmbH vom Alten Bauernkalender entnommen.

Literaturverzeichnis

Beitl, Richard u. a.: Wörterbuch der Deutschen Volkskunde, Kröner Verlag, Stuttgart 1977

Buschenreuther, Alexander: Unser Ende ist euer Untergang, Econ, Düsseldorf 1983

Dethlefsen, Thorwald: Schicksal als Chance, Goldmann-Verlag, München 1983

Endrös, Robert: Strukturen im Strahlungsfeld unserer Umgebung, Vortrag, Österr. Radiästhesistenverband, Wels 1973

Hinterseer, Georg: Mond und Sterne, Eigenverlag, Ruhpolding 1980

Hoffmann-Krayer: Handwörterbuch des deutschen Aberglaubens, in 12 Bänden, Berlin-Leipzig 1927

Kline, David: Kein schöner Land, in: Geo-Magazin 2/84

Kirchner, Georg: Pendel und Wünschelrute, Ariston-Verlag, Genf 1977

Krusche, Althaus, Gabriel: Ökologisches Bauen, Bauverlag, Wiesbaden 1982

Lorenz, Konrad: Die acht Todsünden der zivilisierten Menschheit, München 1973

Mayer, Hans, Winklbauer, Günther: Biostrahlen, Orac, Wien 1983

Peinlich-Immenburg, Rose von: Der Steirische Mandlkalender, Leykam, Graz 1948

Piperek, Max: Referat zur Podiumsdiskussion „Gesünder wohnen", Messe „Interieur Wiener", Wien 1984

Preuschen, G.: Landwirtschaft ohne Chemie, Ewige Natur (Vortrag), Gruppe L, Klagenfurt 1981

Rosegger, Peter K.: Der Kalender, in: Das Volksleben in Steiermark in Charakter- und Sittenbildern, Hartleben, Graz 1881

Schmid, Peter: Bio-logische Architektur, Müller, Köln 1983

Thun, Maria: Hinweise aus der Konstellationsforschung, Aussaat-Verlag, Biedenkopf 1982

Thun, Maria: Aussaattage, Kalender 1984, Verlag w. o.

Thun, Maria: Unkraut aus der Sicht der Konstellationsforschung, Verlag w. o.

Walter, Sepp: Der Admonter Bauernkalender, in: Da schau her, Beiträge aus dem Kulturleben des Bezirkes Liezen, 1/1984

Verzeichnis der Personen, denen der Verfasser für Hinweise und beigetragene Erfahrungen dankbar ist:

Fidelius Deiser
Albert Ellmauthaler
Anna Gratzer
Georg Gratzer
Gerlinde Hainzl
Kärntner Landsmannschaft
Dr. Ilse Koschier
Werner Lössl
Marlies Paluk
Dr. Hermann Rainèr
Rosa Wurzer posthum
Dr. Otto Zernatto
und ganz besonders
Dr. Günther Jontes

Dank gebührt auch dem Leykam-Verlag in Graz, der die Verwendung der graphischen Darstellungen des Mandl-Kalenders erlaubt hat.

Benutzt wurde ferner eine Vielzahl von Skripten aus privater Hand. Die aus der Schweiz, aus Bayern, Tirol, Kärnten und der Steiermark zusammengetragenen Sammlungen sind im einzelnen nicht aufzählbar, auch wegen ihrer Widersprüchlichkeit und wegen des Umstandes, daß sie zu großen Teilen aus einer einzigen Quelle stammen. Als Vater dieser Privatsammlungen kam bemerkenswerterweise ein gewisser J. O., Wagnermeister in St. Johann i. T., zutage, der 1833 wahrscheinlich eine größere Sammlung publiziert hat.

Inhalt